爱上机器人

Robot:
making on your time

人工智能
+机器人

入门与实战

用树莓派＋ ＋OpenCV

制作计算机视觉机器人

陈宇航 侯俊萍 叶昶 编著

- 认识人工智能
- 学习 **Python** 编程
- 制作人脸识别与追踪机器人

人民邮电出版社

北京

图书在版编目（CIP）数据

人工智能+机器人入门与实战：用树莓派+Python+
OpenCV制作计算机视觉机器人 / 陈宇航，侯俊萍，叶昶
编著. -- 北京：人民邮电出版社，2020.5（2023.2重印）
（爱上机器人）
ISBN 978-7-115-53048-6

Ⅰ. ①人… Ⅱ. ①陈… ②侯… ③叶… Ⅲ. ①机器人
—制作 Ⅳ. ①TP242

中国版本图书馆CIP数据核字(2020)第020363号

内 容 提 要

　　树莓派是一款基于 ARM 架构、Linux 系统的极简计算机，既可以用于计算机编程教育，也可以作为机器人的控制核心。第一种运行于树莓派上的编程语言是 Python，这是当前人工智能领域最为流行的编程语言。机器视觉是人工智能中重要的细分研究领域，OpenCV 则是当前机器视觉领域主流的开源处理库，可以方便地用于计算机图像处理，并应用于面部识别、目标识别等具体问题。本书介绍在树莓派硬件上使用Python 语言，借助 OpenCV 库编程，来实现具有机器视觉功能（识别和抓取特定颜色物体、识别人脸、识别特定人脸、进行面部跟踪）的智能机器人。

　　本书力求通过一系列不同层次的软硬件任务，由浅入深地讲解人工智能的概念，同时覆盖 Linux 系统操作、Python 编程、机器人系统搭建等多方面的综合知识。在本书案例中使用的主要硬件载体是可在桌面上固定运转的双轴云台和三轴机械臂等，它们可以代表一类智能机器人的形态。本书遵循开源、分享的创客精神，所有的硬件材料和软件内容均可以从公共平台获取，读者在充分理解的基础上，不必局限于本书所列硬件，可自行获取类似设备完成项目。

　　本书可以作为中小学 STEAM 人工智能教育的一本基础读物，也可以作为中高职院校相关专业学生的参考书。

◆ 编　　著　陈宇航　侯俊萍　叶　昶
　　责任编辑　周　明
　　责任印制　彭志环

◆ 人民邮电出版社出版发行　　北京市丰台区成寿寺路 11 号
　　邮编　100164　电子邮件　315@ptpress.com.cn
　　网址　http://www.ptpress.com.cn
　　北京捷迅佳彩印刷有限公司印刷

◆ 开本：690×970　1/16
　　印张：9.75　　　　　　　　　　2020 年 5 月第 1 版
　　字数：312 千字　　　　　　　　2023 年 2 月北京第 9 次印刷

定价：69.00 元

读者服务热线：**(010)81055493**　印装质量热线：**(010)81055316**
反盗版热线：**(010)81055315**
广告经营许可证：京东市监广登字 20170147 号

推荐序

创客教育方兴未艾，实践方可知行合一。

教育的本质在于启蒙，而启蒙的关键在于好的切入点，人工智能时代结合双脑时代，一方面人类智慧开创了机器人时代，同时机器的学习和智能演化又进一步加深了人们对学习本身的理解。人类想对智慧中的逻辑进行机器实现，创造出了编程和机器程序控制，这是最初的机器人形式；随后由于人类对自主智能和环境适应有需求，又创造出了自学习、自演化机器人系统。因此，以人工智能和机器人作为启蒙教育的入口，是非常有智慧的选择，也是人类智力提高的最佳实证途径。

奇异思维团队敢于创新、敢于为天下先，将时代强音"人工智能"引入中小学教育，以教材为主线，结合实践操作，编写了浅显易懂、上手快、逻辑清、趣味强的一套切实可行的教材，为人工智能创客教育、实践教育注入新鲜血液，零距离贴近智能、实践编程，使科普及直观实践教育在祖国的中小学内得以开展，实为广大中小学教育工作者和学生的幸事。

记得我有一次给德清初中学生做《好玩的机器人》报告，一个坐在第一排的孩子课间问了我一个非常深刻的问题，他问道："老师，如何处理好学习和生活的关系？"我先是一愣，马上随口回答道："愉快地学习，有智慧地生活。"我庆幸自己反应快，没想到孩子接着问道："如何愉快地学习？如何有智慧地生活？"我深深地被孩子的执着和有智慧的提问打动，我当时刚好讲到一些我的发明专利，回头看了一下 PPT，结合"好玩的机器人"，赞叹了孩子的问题，然后回答道："在学习中发现乐趣，在生活中发现问题。"我非常感谢孩子的问题，是他的问题开启了我智慧的宝藏，使我能更好更深刻地思考我们的教育，思考如何才能使我们的下一代在健康快乐的学习中增长智慧，进而解决生活问题，在解决问题中增强逻辑、系统性、独立思维能力，成为未来的创新性人才。恰好此书起到了纽带和桥梁作用。

奇异思维团队在选择编程入门的系统和编程语言上着实下了一番功夫，既结合时代和AI特征，又考虑到中小学学生的入门难易度，同时在内容题材的趣味性上也做了周密考虑，使我想起以前搞发明的一段座右铭："解决人们的烦恼，不改变人们的习惯，让大家玩起来。"此书由浅入深，将中小学生学习人工智能和机器人编程的困难巧妙地克服了，利用孩子们对好玩事物的好奇，以搭建积木和循序渐进的内容组合，使孩子们在不知不觉中学到知识、启迪智慧。

此书凝聚了奇异思维团队的心血和成长历程，不仅适合中小学创客教育工作者，也适合中小学生自学实践，同样适合其他对人工智能和机器人编程实践感兴趣的零起点人士，我期望此书能使大众更贴近和了解人工智能与机器人，从围观者成为实践者，进而成为创新者。

浙江大学电气工程学院副教授、

杭州市企业技术创新发展促进会特聘专家顾问、

中关村大数据联盟专家顾问、

上海云基地特聘专家 孟潇

2019 年 12 月

前　言

　　树莓派是一款基于 ARM 架构、Linux 系统的极简计算机，它自 2012 年发布以来，凭借小巧的体形和低廉的价格迅速风靡全球，既可以用于计算机编程教育，也可以作为机器人教育中嵌入式系统的控制核心。

　　第一种运行于树莓派上的编程语言是 Python，这也是当前人工智能领域最为流行的编程语言。Python 是一种高级编程语言，适用于广泛的应用场景，它的代码简单易读，语法规则简洁、明确，扩展功能开放、丰富，非常适合编程初学者入门学习。

　　机器视觉是人工智能中重要的细分研究领域，OpenCV 则是当前机器视觉领域主流的开源处理库。OpenCV 提供包括 Python 语言在内的多种编程语言的调用接口，可以方便地用于计算机图像处理，并可应用于面部识别、目标识别等具体问题。

　　作为一本以人工智能与机器人为主题的入门书籍，本书主要聚焦于在树莓派平台上使用 Python 语言调用 OpenCV 库实现机器视觉的任务。全书内容共分为 7 章，前 4 章为树莓派与 Python 编程基础知识部分，第 1 章介绍人工智能与机器人的基本概念，第 2 章则介绍树莓派主板与操作系统使用方法，第 3 章为简单的 Python 编程入门学习内容，第 4 章介绍 Python 编程与树莓派的硬件控制的结合；后 3 章则为机器视觉部分，第 5 章介绍 OpenCV 的使用方法，第 6 章结合机械臂硬件完成智能分拣项目，第 7 章则结合云台硬件完成人脸追踪机器人项目。

　　我们力求通过一系列分层次设计的软硬件任务将人工智能的概念由浅入深地融入各个章节中，同时覆盖 Linux 系统操作、Python 编程、机器人系统搭建等多方面的综合知识，希望本书可以作为中小学 STEAM 人工智能教育的一本基础读物，也可以作为中职、高职院校相关专业学生的参考书籍。

　　本书使用的控制核心为树莓派 3B+，其软件环境为：操作系统 Raspbian "Jessie"，Python 版本 3.5.3，OpenCV 版本 3.4.4。系统镜像安装方法及本书所有"试一试"环节的参考程序均可以访问 box.ptpress.com.cn/y/RC2020000001 或扫描二维码获取。

在本书案例中使用的主要硬件载体是可在桌面上固定运转的双轴云台和三轴机械臂等，它们可以代表一类智能机器人的形态。事实上，可以搭载人工智能系统的机器人形态还有很多种，例如可在平面内运动的轮式车型机器人、以多旋翼无人机为代表的空中机器人、模仿人类姿态的双足机器人等，我们计划在后续出版的书籍中使用它们结合其他人工智能主题知识完成更加丰富的硬件案例。

本书涉及的硬件材料和软件内容均为奇异思维人工智能与机器人教育整体解决方案的一部分。奇异思维是杭州合学教育科技旗下的教育品牌，秉持"面向未来的教育"目标，希望能够为提升中小学和职业院校学生的科技素养和创造力贡献自己的力量。

同时，本书遵循开源、分享的创客精神，所有的硬件材料和软件内容均可以很方便地从公共平台获取。读者在充分理解的基础上，不必局限于本书所列硬件，可自行获取类似设备完成项目。

本书部分章节内容的完成得益于互联网上的众多开源项目，例如第 7 章人脸识别任务所使用到的 OpenFace 项目。在此，我们向这些开源项目的所有参与者表示衷心的感谢。

编者

2019 年 8 月

目　录

第 1 章 走近人工智能

1.1 初识人工智能

1.1.1 人工智能是什么

人工智能（Artificial Intelligence，AI），也被称作机器智能，指由人制造的机器所表现出来的智能。通常人工智能是指通过计算机程序实现的智能技术，因此常常被视作计算机科学的一个分支。

人工智能的研究具有高度的技术性和专业性，各分支领域都是深入且各不相通的，因而涉及范围极广。人工智能的核心问题包括构建能够跟人类相似甚至超越人的推理、知识、规划、学习、交流、感知、移动和操作物体的能力等。

虽然人工神经网络下的深度学习算法在 20 世纪 80 年代已有了突破性进展，但由于计算机计算能力的限制，其在人工智能领域的应用还没有发挥出应有的威力。近年来，随着超级计算机算力的飞速提升，加之深度学习算法的进一步优化，人工智能在视频识别、语言分析、棋类游戏等单方面的能力已经达到了超越人类的水平。另一方面，一个人工智能程序能够同时解决这几方面的不同问题，充分体现了人工智能的通用性。

人工智能的一个比较流行的定义，也是该领域较早的定义，是由当时麻省理工学院的约翰·麦卡锡在 1956 年的达特茅斯会议上提出的：人工智能就是要让机器的行为看起来就像是人所表现出的智能行为一样。随着人工智能 60 余年的发展，这个定义方式也在受到冲击。总的来说，人工智能的本质就是对人的思维的信息过程的模拟。

1.1.2 人工智能的发展历程

人工智能的起源

早在 20 世纪四五十年代，数学系与计算机工程师就已经开始探讨用机器模拟智能的可能。

1950 年，艾伦·图灵（见图 1.1）提出了著名的图灵测试：人类测试员通过文字与密室里的一台机器和一个人自由对话，如果测试员无法分辨谁是人、谁是机器，则参与对话的机器就被认为通过测试。

图 1.1 艾伦·图灵（Alan Turing）（1912—1954 年）

图灵测试在过去数十年中一直被广泛认为是测试机器智能的重要标准,对人工智能的发展产生了极为深远的影响。

1956 年,约翰·麦卡锡等 10 人在美国达特茅斯学院开会研讨"如何用机器模拟人的智能",会上提出"人工智能"这一概念,这标志着人工智能学科的诞生。

人工智能研究发展的起起落落

人工智能概念的提出给世界带来了很大的震撼,人们乐观地预测,人类将在短时间内制造出完全智能的机器。麻省理工学院的约瑟夫·维森鲍姆(Joseph Weizenbaum)在 1966 年发表了世界第一款自然语言对话程序 Eliza(见图 1.2)。这款程序可以模拟人与人聊天的过程。虽然 Eliza 只是基于人类的对话提取关键词并做出预设的反应,但在早年还是让许多用户误认为是在与真实人类对话。

图 1.2 Eliza 与人的对话

然而,虽然如 Eliza 这样的早期人工智能产品层出不穷,但还是难以满足社会上对于人工智能的过高期待。从 20 世纪 70 年代起,对人工智能的批评声越来越多,公众的热情与投资都出现了大幅度的消退。

直到 20 世纪 80 年代,随着卡耐基·梅隆大学为 DEC 公司开发的专家系统 XCON 在商业上的巨大成功,人工智能才重新回到业界的视线中。专家系统是一种基于特定规则回答特定领域问题的系统,例如,XCON 可以帮助 DEC 公司根据客户的需求自动选择计算机部件组合,准确率达到了专业技师的水平从而节省了大量的人力成本。但到了这一时期,人们已经逐渐不再追求建立一个通用的模拟人类的人工智能,而是开始专注于通过人工智能来解决具体领域的实际问题。

另一方面,在这一时期,人工神经网络(Artificial Neural Network,ANN)的研究也取得了重要进展。人工神经网络是一种模仿动物大脑的结构和功能的数学模型。人工神经网络通常由大量的人工神经元联结进行计算,并可以在外界信息的基础上改变内部结构,也就是具备学习功能。在 20 世纪 80 年代，反向传播算法有了关键进展，其被证明是用于人工神经网络训练的有效方法。

但到了 20 世纪 80 年代末、90 年代初，业界逐渐发现以专家系统为代表的人工智能系统往往开发和维护成本高昂，而商业价值有限，人工智能的发展再次步入寒冬。

人工智能的新浪潮

进入 21 世纪后，计算机芯片的运算能力得到了飞速的提升。在这一背景下，人工智能算法也取得了重大发展。基于强劲的运算力，人工神经网络在语音识别、图像分析、视频理解等诸多领域都创造了新的成功。

2016 年，谷歌（Google）旗下 DeepMind 开发的人工智能围棋程序 AlphaGo 通过人工神经网络深度学习训练，在一场举世瞩目的人机大战中以 4:1 战胜了围棋世界冠军李世石九段。这次成功点燃了社会对于新时代人工智能的巨大热情，人们开始意识到人工智能在很多领域的能力已经远超人类。

DeepMind 团队在 2017 年末推出了增强版的人工智能下棋程序 AlphaZero。它与初版的 AlphaGo 相比有几点重大的改变：一是 AlphaZero 只需要棋类的基本规则作为训练的基础，不需要任何人类棋谱作为参考；二是它采用了更为通用的算法，可以延展到将棋与国际象棋中。在短时间（34 小时内）训练后，AlphaZero 成功击败了围棋、将棋、国际象棋领域的当时最强的 AI 程序。这一成果让人们更清晰地认识到了机器自我学习的潜力，并对人工智能具备更强的通用性充满期待。

1.1.3 人工智能的应用现状

人工智能的概念覆盖了机器视觉、语音识别与人机交互、自动驾驶等多个范畴，在当今社会中已有着大量的运用。

机器视觉

机器视觉是指在人工智能系统中配备有视觉仪器并通过视觉仪器捕捉到的情报进行分析处理。机器视觉目前被广泛应用于安防、车牌识别系统、医疗辅助诊断、工业化生产线中。

在安防领域，机器视觉可以从大量监控视频数据中提取出有效的信息，从而辅助警方侦破案件；在医疗辅助诊断方面，机器视觉可以对医学影像进行分析，从而减少误诊或漏诊；在工业化生产中，机器视觉则可以对物品进行分类与分拣。

语音识别与人机交互

正确识别并理解人类语言一直以来都是人工智能研究的重要课题。近年来，这一领域也得到了高速发展。现在的人工智能系统能够以相当高的准确率将人类说的话转化为文本，并基于对语义的理解判断用意，进而做出针对性的答复。这一流程包含语音文字转化、自然语言理解等多个环节。

目前，主流网络视频流媒体服务提供商都提供了高效的人工智能自动实时字幕功能；Siri 等移动智能助手也正一步步地进入我们的生活；而基于人工智能打造的智能客服系统还能有效地替代部分传统人工客服的作用并同时针对客户需求进行数据分析与优化。

自动驾驶

自动驾驶技术目前发展速度极为迅猛，大量的传统车企和科技公司纷纷投身于这一巨大的市场。Google 旗下的自动驾驶汽车已经在小范围投入商业使用，而特斯拉汽车已经通过 OTA（Over the Air）升级具备了部分自动驾驶功能。按照目前的发展趋势，自动驾驶汽车大范围投入实际使用已近在咫尺。

自动驾驶汽车显然是一个基于人工智能的复杂系统，它需要借助车载的大量传感器实时监测数据并进行分析，选择合适的行驶路线，保证高效、安全地运行。

1.2 机器人世界

1.2.1 机器人的发展历史

机器人（Robot）是一种模拟人类或其他生物的行为或思想的机械，也泛指可以取代或协助人类工作的自动执行任务的人造机器。

机器人一词最早出现于 1920 年捷克科幻作家卡雷尔·恰佩克（Karel Capek）的《罗索姆的万能机器人》一文中。而现实中的机器人约从 20 世纪 50 年代起开始发展，至今经历了约 60 年的历程。

1959 年，美国人乔治·德沃尔（George Devol）与约瑟夫·恩格尔伯格（Joseph F Engelberger）联手制造出了世界上第一台工业机器人。这一工业机器人可以以高精确度模拟人类完成生产线上的重复工作。

这一阶段的机器人基本是基于设定好的程序完成指定的动作，因此也被称为程序控制型机器或示教型机器人。这样的机器人只能被视为程序控制型机械，与人工智能还没有交集。

此后，随着传感器技术的发展，新制造的机器人上开始搭载大量的用于感知环境的传感器，用以感知周边的温度、湿度、亮度等信息，从而辅助人类做出决策。这些机器人常被用于探索一些人类不便进入的区域，例如地震灾区等。

而在人工智能的辅助下，机器人技术也在向着新阶段发展。以人工智能作为机器人的控制核心，机器人可以结合外部环境信息自主做出决策，而不用依赖人类的外部指令。这一阶段的机器人才能被称为智能机器人。

人工智能技术的核心是对人类思维过程的模拟，关于它的研究，更多是在计算机程序算法方面。而机器人则是一类模拟人类或生物的硬件（机械），它可以是只模拟行为的传统工业机器人，也可以是搭载人工智能技术的当代智能机器人。因此，机器人不一定搭载了人工智能技术，人工智能技术本身与硬件载体也并无直接关系。但是，人工智能技术要在实际生产、生活中得到应用，机器人一直以来都被认为是其最佳的硬件载体。

1.2.2 什么是智能机器人

智能机器人通常是由3部分组成的：感知单元、逻辑单元和执行单元（见图1.3）。

图1.3 人类与智能机器人的组成部分对比

感知单元通常由多种传感器组成，用于感知周边环境，再将信息传递给机器人的逻辑单元（图1.4所示为超声波传感器）。感知单元相当于机器人的"感觉器官"。

图1.4 超声波传感器可以用于测距

逻辑单元是机器人的控制核心，承担着连接感知单元和执行单元的关键作用，它处理并分析感知单元传递的信息，进而指挥执行单元执行动作（图1.5所示为Arduino主控板）。逻辑单元相当于机器人的"大脑"，在人工智能技术的发展下，机器人逻辑单元的分析能力越来越强。

执行单元则包括电机、显示设备、发声设备等，它们接收逻辑单元的控制指令并做出相应的反应。执行单元相当于机器人的"肢体"，最典型的执行单元是电机（见图1.6）。

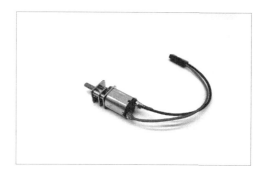

图 1.5 可用作智能机器人控制核心的
Arduino 主控板

图 1.6 电机是机器人最典型的执行单元

1.2.3 常见的智能机器人控制核心

智能机器人的核心是控制器，一般称为主控板，用于处理传感器传输的信息并指挥执行器工作。

现在已经有了很多专门为软件开发者设计的主控平台，例如现在火爆的树莓派（Raspberry Pi）、英特尔推出的爱迪生（Edison），以及历史最长的 Arduino 等。根据其性能和架构的区别，主控平台又可以分为单片机平台与微型计算机平台两个大类。

单片机平台

单片机约起源于 20 世纪 70 年代，随着处理核心运算能力的逐年提升，其在自动化工业生产中发挥着越来越重要的作用。但早年单片机的程序编写十分复杂，无法方便地被软件开发者甚至普通大众使用。直到 2006 年，第一个开源单片机平台 Arduino 出现后，才有越来越多的开发者能轻松地用单片机来制作小型的智能机器人系统。

微型计算机平台

微型计算机平台等同于一台小型计算机主机，具备普通计算机的主要功能，通常自带蓝牙、Wi-Fi 连接功能，支持 USB 扩展连接，可自由安装主流操作系统，如 Windows、Android 及开源系统 Linux 等。这些专为智能设备设计的微型计算机，不仅体积小、能耗较低，还自带一些与传感器、执行器等机器人单元进行信号交互的接口，适合作为智能机器人的主控制器使用。目前最流行的微型计算机平台是树莓派。

虽然近年来微型计算机平台性能发展迅速，但它们从架构上并不是专为电子控制系统设计的。虽然智能机器人的历史并不长，但由多个电子元器件组成的电子控制系统已经发展了很长时间。传统上，人们通常使用单片机作为电子控制系统的核心元件。单片机通常集成了处理核心（CPU）、存储器（RAM 与 ROM）、大量信号输入/输出接口，是专为控制电子元器件而设计的。

本章要点回顾

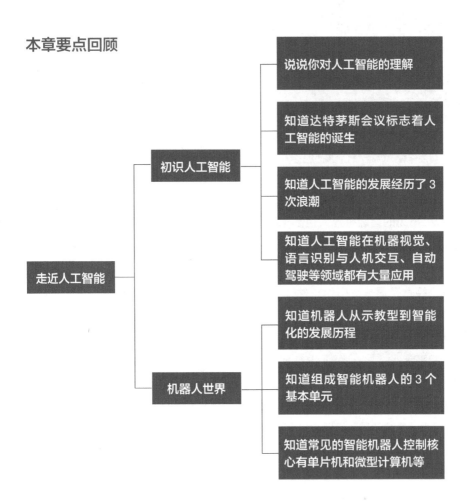

走近人工智能
- 初识人工智能
  - 说说你对人工智能的理解
  - 知道达特茅斯会议标志着人工智能的诞生
  - 知道人工智能的发展经历了 3 次浪潮
  - 知道人工智能在机器视觉、语言识别与人机交互、自动驾驶等领域都有大量应用
- 机器人世界
  - 知道机器人从示教型到智能化的发展历程
  - 知道组成智能机器人的 3 个基本单元
  - 知道常见的智能机器人控制核心有单片机和微型计算机等

第 2 章 认识树莓派

2.1 树莓派是什么

树莓派（Raspberry Pi）由英国的树莓派基金会开发，是一款专门用于计算机教育的极简计算机。第一代树莓派发布于 2012 年，2019 年 6 月，它的第 4 代产品正式发布。树莓派轻便小巧、价格低廉，但又具备普通计算机所具备的一切主要功能，因此在教育领域迅速风靡开来，成为开展青少年编程教育的重要平台。

树莓派发展至今历经 4 代，常分为 A 和 B 两种型号。其运算能力和板载功能也随着时间的推移不断提升。

截至本书成稿的 2019 年 8 月，流行的树莓派主控板主要有主打极致小巧轻便的树莓派 Zero W/WH（见图 2.1）、功能较为简易的基础版第 3 代 A+ 型（即树莓派 3A+，见图 2.2）以及功能最为丰富的第 3 代 B+ 型（即树莓派 3B+）。

图 2.1 树莓派 Zero WH 主控板

图 2.2 树莓派 3A+ 主控板

2.2 树莓派 3B+ 主控板简介

在本书的案例中，我们都将使用当前应用最为广泛的的树莓派 3B+ 型主控板作为控制核心。树莓派 3B+ 作为树莓派 3B 的升级版发布于 2018 年 3 月 14 日，在 3B 的基础上提升了无线连接性能与 CPU 性能等。

树莓派 3B+ 的 CPU（中央处理器）由 4 块主频为 1.4GHz 的 Cortex-A53 型处理器单元组成，并具备一个在 400MHz 主频工作的 Broadcom VideoCore IV 型 GPU（图形处理器）。虽然并不强大，树莓派的处理性能仍能满足小型机器人控制系统开发的需要。

此外，树莓派 3B+ 主控板自带了 HDMI 高清视频输出、3.5mm 音频输出、4 路 USB 连接等常见的接口，并具备 Wi-Fi 无线网络连接与蓝牙连接功能。可以说，虽然体积小巧，树莓派 3B+ 主控板却具备了普通家用计算机的所有主要功能（见图 2.3）。

但与普通计算机不同的是，树莓派 3B+ 还额外拥有类似单片机的 40 个硬件引脚，其中包括 21 个输入 / 输出接口。这使得树莓派 3B+ 不单可以作为一台微型计算机使用，还可以非常方便地作为核心直接连接并控制其他硬件设备。

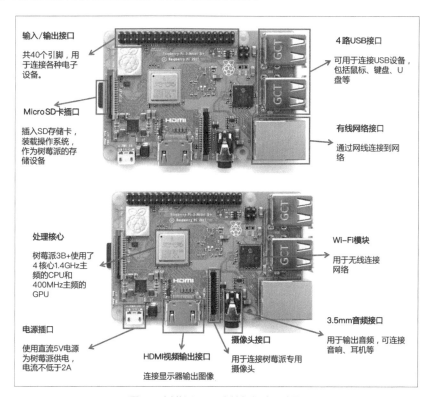

图 2.3 树莓派 3B+ 主控板组成示意图

2.3 树莓派的连接与开机

在开始使用树莓派之前，需要先在树莓派的正反面安装两颗散热片。安装位置如图 2.4 和图 2.5 所示。

散热片A

图 2.4 树莓派正面散热片安装位置

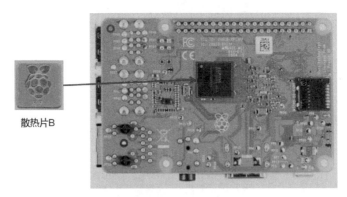

散热片B

图 2.5 树莓派背面散热片安装位置

安装散热片的目的主要是防止树莓派的处理芯片过热。安装完成后，可以按如下步骤完成树莓派的开机。

（1）将装好树莓派操作系统的 MicroSD 卡插入树莓派对应插口中，本教程推荐系统的镜像文件的下载和安装指导可以参考链接：http://www.fractalmind.com.cn/book/rpibasic。

（2）将鼠标、键盘连接至树莓派的 USB 接口。

（3）将显示器通过 HDMI 连接线连接至树莓派的 HDMI 接口。

（4）将 MicroUSB 电源线连接至树莓派的电源接口。注意，树莓派的输入电压应为5V，电流至少为 2A，建议为 2.5A。

（5）将显示器、电源打开，树莓派自动开机。开机完成后可看到如图 2.6 所示的桌面。

图 2.6 树莓派开机后显示的桌面

2.4 Linux 操作系统简介

树莓派作为一个微型计算机，可以运行多种不同的操作系统，但其官方系统 Rasbian是一种基于 Linux 的操作系统。

Linux 是世界上最为知名的开源操作系统内核。Linux 内核最早于 1991 年发布，任何人都可以免费使用甚至修改它。使用 Linux 内核制作的各种预先集成了各种应用程序的定制化操作系统常被称为 Linux 发行版。通常所说的 Linux 操作系统泛指各式各样的发行版。

著名的 Linux 发行版包括 Ubuntu、CentOS、Debian 等。树莓派官方系统 Rasbian就是基于 Debian 制作的。

除了被开发为桌面计算机的操作系统，Linux 内核还可被开发为移动设备的操作系统。当前最流行的移动端操作系统 Android 也是基于 Linux 内核开发的。

相比 Windows、macOS 等非开源的操作系统，Linux 系统具备如下几点优势：

（1）Linux 系统完全免费；

（2）Linux 系统具备更高的安全性和稳定性，占用系统资源相对较低。

但 Linux 也具有一些明显的劣势：

（1）图形化界面较为简易，使用相对不方便；

（2）由于 Linux 是开源的，一些常用的商业软件缺少 Linux 版本或存在功能缺失。

因此，Linux 操作系统比较适合需要长时间稳定运行的场景，例如网络服务器、智能控制系统等。

我们使用的 Rasbian 操作系统的常用图标分布于上方的任务栏中（见图 2.7 ）。

从左向右依次为：
开始菜单、
网络浏览器、
本地文件、
终端（命令行）

从左向右依次为：
蓝牙连接、
Wi-Fi连接、
声音调节

图 2.7 树莓派系统任务栏常用图标分布

左上方图标的主要功能如下。

开始菜单：打开已安装的应用程序、进行系统设置、关机 / 重启等。

本地文件：访问树莓派系统文件目录。

终端：输入 Linux 系统指令进行操作。

本章要点回顾

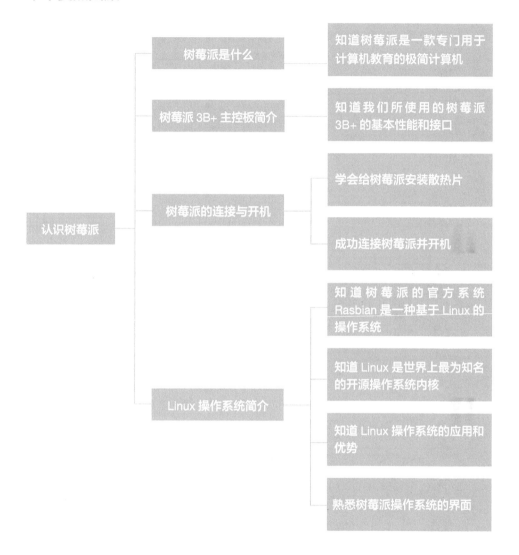

第 3 章 Python 编程基础

3.1 什么是编程语言

当前的人工智能技术大都依赖于电子计算机强大的算术与逻辑运算能力，但人们要让计算机听从自己的指示，需要准确地控制计算机的运作。

计算机的运算核心（CPU）是由大量的微型电路组成的。从硬件的角度来说，计算机可以通过调整不同的电路状态来控制电子设备（例如显示器、音响等）执行不同的指令。

计算机内部数字电路的运行状态包括两种：高电平（通电）与低电平（断电）。通过极多微型电路的高低电平排列，计算机可以生成大量的运行状态，进而进行电子控制。

如果将高电平记为 1，低电平记为 0，我们便可以用 1 和 0 的排列来控制这些电路的状态（见图 3.1）。

```
00011110
10111000000000000000000000
01010000
10111000011900010000001111
10001110113011000
10101000000110
101100000000000
101101110000111
101110010000000000000000
101100100100111
110010100010001000
1010100000000010
101103110000000000
101101110000000000
101001000000000
110011010001000000
101101000000001001
10001101100010110001010100000000001
11001101001001
10110100000001010
10001101100010110001100010000000000
11001101001001
10110100000001100
101100000000110
101101110001001
101010101000011001
101100010001011
101100110001101
101100100011110
110011010001000000
101101000000001010
110100000000001100
110100100101001
11001101010001010
101101000000001001
10001101100010110100000000000000000000
11001101010100001
11001011
```

图 3.1 用 1 和 0 来控制计算机的代码

因此，人们可以通过由 1 和 0 排列而成的文本来直接控制计算机电路的状态。用于控制计算机的文本指令被称为计算机程序。

同人与人交流时需要使用自然语言类似，人与计算机交流也需要使用遵循特定规则的编程语言，使人类的意图被准确传递给计算机（见图 3.2）。

图 3.2 自然语言与程序语言的对比 1

用 1 和 0 排列的文本，我们就可以简单地将控制意图直接传递给计算机。这种可以被计算机直接"读懂"的编程语言被称为机器语言。

但是，机器语言非常难于被人类使用——仅仅让计算机输出一个字母就需要输入几位至十几位 1 和 0。

为了解决这个问题，我们可以使用更接近自然语言的方式编写程序，再经由一个预先设定好的解释器将其翻译成机器语言来控制计算机。对比来说，如果 B 只懂英语，不懂汉语，我们可以先将汉语说给翻译，再由翻译转述成英语告诉 B。程序的解释器就充当了翻译（见图 3.3）。

图 3.3 自然语言与程序语言的对比 2

编程语言经过了大半个世纪的发展，从最初的汇编语言到现今流行的 Python 语言，其正向着越来越接近人类使用的自然语言的方向发展。

尽管如此，为了使语言能被准确翻译、可被机器认知，编程语言还是需要符合一些预设的规则，比通常的自然语言更为死板。

3.2 认识 Python 语言

Python 是一种泛用型的编程语言，可以用于大量场景的程序开发中。根据基于谷歌搜索指数的 PYPL（程序语言流行指数）统计，Python 是 2019 年 2 月全球范围内最为流行的编程语言（见图 3.4）。

排行	排行变化	编程语言	流行度	趋势
1	↑	Python	26.42 %	+5.2 %
2	↓	Java	21.2 %	-1.3 %
3	↑	Javascript	8.21 %	-0.3 %
4	↑	C#	7.57 %	-0.5 %
5	↓↓	PHP	7.34 %	-1.2 %
6		C/C++	6.23 %	-0.3 %
7		R	4.13 %	-0.1 %
8		Objective-C	3.04 %	-0.8 %
9		Swift	2.56 %	-0.6 %
10		MATLAB	1.98 %	-0.4 %

图 3.4 2019 年 2 月的 PYPL 编程语言流行度排行

Python 语言由荷兰程序员吉多·范·罗苏姆 (Guido van Rossum) 于 1989 年开始开发，并于 1991 年发布了其第一个公开版本 (Python 0.9.0)。

2000 年，Python 2.0 发布，影响力开始逐渐扩大。2008 年，Python 发布了 3.0 版本，其与 2.0 系列并不完全兼容。

相比传统的 C、Java 等编程语言，Python 具备一些优势。

（1）较强的易读性。Python 是一种高级编程语言，其在设计上更为接近人类使用的自然语言（英语）。具备英语基础和少许编程基础的人可以很轻松地阅读 Python 代码。

（2）简洁的语法（规则）。Python 语言的设计哲学是"优雅""明确"和"简单"，力图用最简洁的方式完成程序内容。相比于传统编程语言，Python 通常可以用更短的语句执行同样的功能。

例如，下面的 C# 语言程序段落可以在屏幕上打印出"Hello World!"字样。

```
using System;
    class Program
    {
        static void Main(string[] args)
        {
            Console.WriteLine("Hello World!");
        }
    }
```

而使用 Python 语言实现同样的功能则只需要写入：

```
print("Hello World!")
```

（3）强大的可扩展性。由于 Python 是一个完全开放的编程语言环境，其拥有大量强大的扩展包，例如数学计算包 NumPy、游戏开发包 pygame、机器学习包 TensorFlow 等。正是因为这一特点，Python 目前是人工智能编程的首选语言。

（4）便利的可移植性。Python 几乎可以运行于任何操作系统，将 Python 代码移植到 Windows、macOS、Linux 等不同环境中非常便利。

现在流行的 Python 版本可以大致分为第 2 代（代号为 2.x 形式）和第 3 代（代号为 3.x 形式）。据统计，2018 年，有 84% 的程序开发者在使用第 3 代 Python 编写程序，而 Python 语言的开发团队也计划于 2020 年停止对第 2 代 Python 的维护。由于这两代 Python 的程序编写规则有少许区别，我们将在后续课程中全部统一使用第 3 代 Python 编写程序。

3.3 在树莓派中使用 Python 编程

Python 程序可以在各种环境下进行编写，其中自然也包括树莓派。树莓派的名字 Raspberry Pi 中的"Pi"就来自于 Python。Python 是第一种树莓派上运行的编程语言，也是最常用于树莓派项目开发的编程语言。

3.3.1 交互式编程

交互式编程是一种非常便利的 Python 编程方式，常用于程序测试的场景。首先通过任务栏打开树莓派的"终端"，在其中输入"python3"并回车即可进入 Python 3 的交互式编程环境（见图 3.5）。

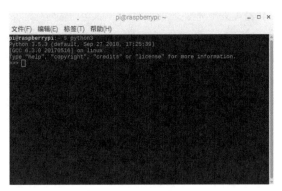

图 3.5 Python 3 的交互式编程环境界面

输入"print("Hello World!")"并回车将输出字符串"Hello world！"（见图 3.6）。像这样完成特定功能的句子就是编程语言的语句，一个完整的程序是由大量语句构成的。在 Python 程序中，通常每一个语句占据一行。

图 3.6 Hello World!

3.3.2 使用算术运算符进行运算

计算机程序非常擅长进行算术运算。在 Python 语言中，加、减、乘、除算术运算可以用算术运算符 ＋、－、*、/ 来实现，如图 3.7 所示。输入算式，程序将给出运算的结果。

图 3.7 使用交互式编程环境进行算术运算

3.3.3 用 Geany 编辑器编写 Python 程序

虽然交互式编程环境可以很方便地输出语句的结果，但它并不能将大段的程序内容存储起来反复运行，因此只适用于程序测试的场景。绝大多数情形下，我们需要将完整的 Python 程序存储为 .py 格式的文件，再调用它进行运行。

可以使用任意的文本编辑器编写 Python 程序。我们在后续的课程中统一使用树莓派系统预装的轻量级文本编辑器 Geany 来编写 Python 程序。Geany 可在树莓派任务栏的开始菜单中选择"编程"找到。

使用 Geany 编辑器的图标可以方便地进行文件的新建、打开、保存以及 Python 程序的运行操作（见图 3.8）。

图 3.8 Geany 编辑器的界面

打开 Geany 后，我们先新建一个空白文档，再单击文档→设置文件类型→脚本语言→ Python 源文件，将其设为 Python 程序文件（见图 3.9）。

图 3.9 在 Geany 中新建 Python 文件的设置

设置完成后，可在程序编辑区中写入需执行的代码，再单击"运行"图标执行其中的语句。例如，我们仍可以输入"print("Hello World")"（见图 3.10）。运行后将生成一个名为 sh 的窗口，其中显示出我们打印的内容（见图 3.11）。

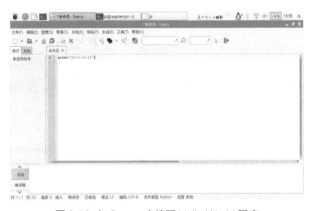

图 3.10 在 Geany 中编写 Hello World 程序

图 3.11 程序的运行效果

如果程序运行异常，可能是运行按钮的编译设置有误，可以单击生成→设置生成命令，按图 3.12 所示方式设置红框处。

图 3.12 Geany 中的编译设置

3.4 Python 中的变量

在前面关于编程语言的学习中，我们知道，计算机是通过大量 1 和 0 的排列来存储信息的。电子计算机将要描述的一切事物都存储为 1 和 0 组合而成的数据。因此，任何程序实质上都是以特定的方式对计算机中的数据进行操作，数据是程序的核心要素。

为了方便对各种不同的数据进行分析和处理，我们可以在程序中建立变量来存储这些数据。变量通常具备一个独立的名称，其存储的数据就是变量的值。

举例来说，A 班按星期一至星期五分为 5 个值日小组轮流值日，每个值日小组由几个学生组成。每次轮到某个小组时按照一定规则由其中一个学生负责这一次的值日。如果将每一次负责值日的同学视为数据，值日小组就是我们建立的变量。班主任在要求学生进行值日时，只需要说由哪个小组值日即可，具体由小组内的谁来负责即是变量的值。

3.4.1 变量的赋值

将变量的名称与值对应起来的操作被称为变量的赋值。在 Python 语言中，赋值的语句非常简单，例如：

```
a=1
```

这里，我们建立了一个名称为 a 的变量，并将其值赋为 1。等号（=）号在 Python 中被称为赋值运算符。在后面的程序段落中，我们可以通过调用 a 来取得值 1。

需要注意的是，在同一个 Python 程序中，每一个变量的名称都应该是不同的，对一个已经出现过的变量再次赋值将改变其值。例如：

```
a = 1
a = 2
```

这里，在第二次赋值后 a 的值就将变为 2。

如果需要同时赋值多个变量，我们可以这样编写：

```
a = 1
b = 2
```

或这样编写：

```
a, b = 1, 2
```

这两种方式完全等价。我们可以先赋值两个变量，再将对它们进行算术运算的结果重新赋值给第一个变量，最后将它打印出来。

```
a, b = 1, 2
a = a + b
print(a)
```

想一想，这段程序打印出的 a 的值应该是多少？

3.4.2 Python 的数据类型

在 Python 语言中，数据的形式可以是一个数字（例如 1、2.5），也可以是一些字符（例如 "a" "Hello"）。总的来说，我们可以将 Python 中的数据分为两类：数字（Number）和字符串（String）。

数字类型的数据又有几个子类型，主要有存储整数的整数型（int）和存储小数的浮点型（float）等。数字类型的数据可以使用 +、-、*、/ 等算术运算符进行计算。

字符串类型用于存储一个或多个字符，Python 中的字符串需要在两侧用英文单引号或双引号标出，例如 "Hello World" 的形式。字符串之间可以使用 + 运算符进行连接，例如：

```
a = "Hello "
b = "World"
print(a + b)
```

程序将打印出两个字符串连接而成的新字符串 "Hello World"。

虽然我们在对变量赋值时并不需要指定它存储的数据的类型，但 Python 在首次对一个变量赋值时会根据我们设定的初始值来自动为变量分配一个合适的数据类型。

不过，某些程序功能要求特定的数据类型，如果输入的数据类型不符合要求，可能导致程序错误。举例来说，Python 中使用 input() 可以获得手动输入的数据，我们可以用这个功能将一个输入的值赋值给一个变量：

```
a = input()
print(a)
```

运行程序后，我们可以在编译器或命令行的程序运行区中输入一组任意的字符，并用回车键完成输入。这些字符将被赋值给变量 a 并打印出来。

我们可以使用它制作一个简单的加法计算器：

```
a = input()
b = input()
print(a + b)
```

这里，期望中的程序效果是连续输入两组数字，由程序计算它们的和。但是，例如我们连续输入 1 和 2，最终打印出的结果是 12 而不是 3。出现这一问题的原因是无论我们输入的是一组数字还是一个单词，input() 得到的输入值始终为字符串类型，对字符串类型进行 "+" 运算实际上是对字符串的连接。为了能进行数字的运算，我们需要对字符串强制转换数据类型：

```
a = int(input())
b = int(input())
print(a + b)
```

对输入数据使用 int() 转换为整数型后再赋值给变量 a 和 b，这样便可以进行真正的加法运算了。

如果需要的数据类型是浮点型、字符串型，也可以使用 float()、str() 进行相应的强制转换。

试一试

仿照示例的加法计算器，编写减法、乘法和除法的计算器。

3.5　if 条件结构

到目前为止，我们的程序还只能按照我们指定的方式从上至下按顺序输出一些打印的内容或是进行一些算术运算。而编程语言的真正强大之处在于它可以根据不同情况来改变其运行的流程。Python 中存在多种基于逻辑判断的特定程序流程结构，其中最基础的一种便是 if 条件结构。

3.5.1　条件的真与假

在介绍 if 条件结构之前，我们先了解一下条件的真与假的概念。在逻辑上，我们用条件来描述事物的状态。例如：

如果今天下雨，我就去图书馆。

这句话中 "今天下雨" 是一个条件。如果今天下雨了，我们称这个条件成立，它是一个真条件；如果今天没有下雨，这个条件不成立，它就是一个假条件。

在 Python 语言中，常用两个特殊的量——True 和 False 分别对应条件的真与假。当 Python 程序对条件判断为真时，其得到一个 True 值，否则得到一个 False 值。

3.5.2 比较运算符

在程序中常需要判定的条件为两个量之间的大小关系，这种条件的真假判断可以用比较运算符来实现。例如：

```
a, b = 1, 2
a == b
```

这里，我们使用比较运算符"相等"（==，两个等号）来比较两侧的量是否相等，若相等则得到 True，否则得到 False。上面的语句中，a == b 得到的结果为 False。

注意，这里相等运算符使用两个等号，这是为了与赋值运算符（一个等号）区分开来。除了相等外，比较运算符还有大于（>）、小于（<）、大于等于（>=）、小于等于（<=）、不等于（!=）等。需要注意的是，数字类型的数据可以进行所有的大小比较，而字符串类型的数据只能判断相等（==）或不相等（!=）。

3.5.3 if 条件结构的格式与缩进

基于对条件真假的判断，我们可以完成 if 条件结构，其基本的逻辑流程如图 3.13 所示。

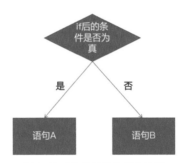

图 3.13 if 条件结构的基本流程

它在程序中的格式如下：

```
if 条件：
    语句 A
else：
    语句 B
```

程序将判断条件为真或假。若为真，执行语句 A，否则执行语句 B。这里的语句 A 和 B 可以是一个或多个语句。例如：

```
if a > b:
    print(a)
else:
    print(b)
```

这一程序段将始终打印 a 与 b 中较大的变量的值。

可以注意到，这里语句 A 和语句 B 与 if 和 else 并没有对齐，而是在前方多出了一定长度的空白。这一空白便是 Python 程序中用于区分语句间逻辑层次关系的缩进。

在同一个 Python 程序中，缩进需要使用相同长度的空白。虽然这个长度并没有统一规定，但按照流行的 Python 编写习惯，我们建议使用 4 个空格作为 Python 的缩进。

if 条件结构不单可以判断一个条件的成立与否，还可以判断多个条件的成立与否。例如：

```
if 条件 A:
    语句 A
elif 条件 B:
    语句 B
else:
    语句 C
```

这一语句的逻辑结构如图 3.14 所示。

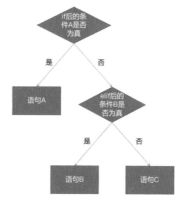

图 3.14 进行两个条件判断的 if 结构逻辑

举例来说：

```
if a > 0:
    print("a is a positive number")
elif a < 0:
    print("a is a negative number")
else:
    print("a equals to zero")
```

这段语句将根据 a 与 0 的相对关系分 3 种情况输出对应的内容。多次使用 elif 可以进行更多的条件判断。

试一试

将上节练习中的计算器改写为可以根据输入的运算符自主选择运算方式的四则运算计算器。

提示：除了输入两个待计算的数外，还可以再使用一次 input() 得到手动输入的运算符。对这个运算符的值进行条件判断，根据值的不同执行不同的运算方式。

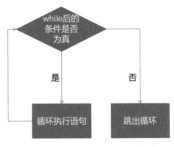

3.6　while 循环结构

除了 if 条件结构外，常用的 Python 逻辑结构还有 while 循环结构。while 循环结构用于在条件判断为真时不断循环执行其中的语句。其执行逻辑如图 3.15 所示。

其程序格式为：

```
while 条件：
    循环执行语句
```

图 3.15 while 循环结构的逻辑流程

在 while 后的条件成立时，循环执行语句循环执行，并在每次执行完后判断条件是否仍成立。直到条件不成立时程序跳出循环，开始执行 while 结构后的语句。循环执行语句与 if 条件结构中的语句类似，也需要进行缩进。

例如：

```
a = 1
while a < 100:
    a = a + 1
print(a)
```

该程序段将在 a 小于 100 时不断将 a 的赋值加 1，最终在 a 等于 100 时跳出循环并打印。

利用 while 循环结构，我们可以用 Python 程序完成一些更复杂的数学运算。例如正整数阶乘运算将得到小于等于该数的所有正整数的乘积，即 n! = 1×2×3×⋯×n。使用 while 循环，可以非常方便地进行这一运算。例如要计算 50 的阶乘值：

```
a, f = 1, 1
while a <= 50:
    f = f * a
    a = a + 1
print(f)
```

在这一程序段中，a 用来存储待乘的数，从 1 开始，在每次循环后增加 1，直到 50 为止；f 则用于存储过程中阶乘的运算结果。最终，程序将计算并打印出 50 的阶乘值。

> **试一试**
>
> 斐波那契数列指的是形如 1,1,2,3,5,8,13……的数列，其第一位和第二位均为 1，其后每一位等于前两位之和。试用 while 循环计算斐波那契数列中任一位置的数字。

3.7　Python 中的函数

在一个程序的执行过程中需要多次重复执行一些相同或类似的操作时，我们可以把这些程序内容包装为函数。使用函数，可以使得程序的结构更为清晰，有助于我们阅读与调试程序。函数拥有一个与变量类似的独立名称，并可以有几个参数，以及返回值。

举例来说，假如有一个机器人可以帮助我们买东西，但它并不知道"买东西"这个行为是怎样进行的。我们可以告诉它，买东西需要拿上购物袋、钱，走到指定的地方，找到指定的物品，再将钱交给收银员，拿回找零的钱，最后回到家中。这个流程在买任何东西时都是适用的。在教给机器人一次后，机器人就记住了这个购物的流程，那么此后再让它购物时，我们只需要说"去买东西"，它就可以完成同样的流程。这个"去买东西"就是一个函数。当然，每次购物时要买的物品及其数量都是不同的，这些信息就是函数的参数，例如"去买一斤白菜""去买两盒牙膏"。在函数上加上参数，它就可以在一定的流程中根据参数的不同发生一些变化。每次购物后我们还希望知道一共花了多少钱，机器人可以在过程中计算出来并告诉我们。这个花了多少钱的结果就是函数的返回值，它表示每次函数执行后给出的反馈结果。

3.7.1 自定义一个函数

Python 中定义函数的格式如下：

```
def 函数名称 ( 函数参数 1，函数参数 2，……):
    函数内执行的语句
    return 函数的返回值
```

函数的名称在同一程序中必须是独立的，我们可以通过调用这个名称来执行函数。函数名称后需要使用小括号，括号内用逗号区隔开多个参数，这些参数可以在后面的语句中进行调用。如果函数没有参数，括号内留空即可。函数内部的语句在函数被调用时执行，注意函数内的语句都需要进行缩进。

举例来说，可以将前面列举的阶乘功能定义为一个函数：

```
def factorial(n):
    a, f = 1, 1
    while a <= n:
        f = f * a
        a = a + 1
    print(f)
```

定义完这个函数后直接运行程序将不会得到任何结果，我们需要在程序的后续部分调用函数的名称来实际执行这个函数：

```
factorial(5)
```

在调用时，我们对函数传入了一个参数 5，这样在函数的执行过程中，函数中定义的参数 n 的实际值便为 5。通过调用函数的方式得到的结果与前面直接进行阶乘运算完全相同，但我们将阶乘运算封装成一个函数将使得程序阅读起来更为清晰。

函数运行后得到的某一个变量可以用 return 关键词来返回。函数内不使用 return 语句时，其没有返回值。仍以阶乘运算为例，我们可以不打印出结果而是将结果返回。例如：

```
def factorial(n):
    a, f = 1, 1
    while a <= n:
        f = f * a
        a = a + 1
    return f
```

在设定返回值的情况下，调用函数将直接得到其返回值。例如使用 factorial(5) 将直接获得 5 的阶乘值，我们可以利用它对变量进行赋值，例如：

```
result = factorial(5)
```

这一语句可以将 5 的阶乘值赋值给变量 result。

试一试

将斐波那契数列的运算封装为一个函数，通过调用这个函数获取数列中指定位置的值。

3.7.2 给 Python 程序加上注释

为了使 Python 程序变得更加易读，我们可以为程序中的语句、定义的函数、变量等进行注释来帮助阅读者理解程序的作用。在 Python 程序中，以 #（井号）开头的语句将被 Python 认知为注释，这些内容将不会被执行。例如：

```
# calculate the factorial of a positive integer
def factorial(n):
    a, f = 1, 1
    while a <= n:
        f = f * a
        a = a + 1
    return f
# get the factorial of 5
result = factorial(5)
```

如果需要进行连续多行的注释，可以在需要注释的语句前后各使用 3 个单引号或 3 个双引号（前后必须一致）。例如：

```
'''
this is a program to calculate the factorial of a positive integer
we get factorial of 5
'''
def factorial(n):
    a , f = 1, 1
    while a <= n:
        f = f * a
        a = a + 1
    return f
result = factorial(5)
```

给程序加上清晰的注释是一个良好的编写习惯，使我们在程序内容复杂时只需阅读注释就可以大致掌握程序的结构和功能。

除了说明程序功能外，注释也可以用来跳过一些语句的执行，这是调试程序的一种常用技巧。

本章要点回顾

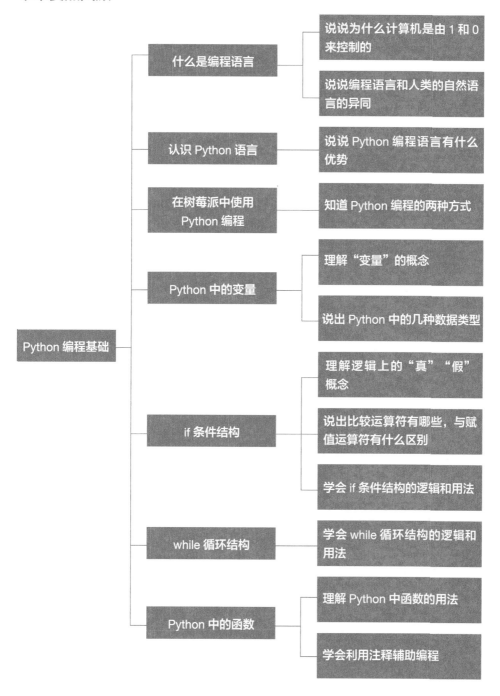

第 4 章

Python 编程与树莓派硬件控制

我们通过一些简单的例子了解了 Python 编程的一些基本概念，但还只停留在软件编程的层面。树莓派相比于普通 PC，其优势在于可以方便地与实际硬件单元进行连接并直接控制它们。在本章中，我们先尝试用树莓派点亮一个小灯，然后加上按钮，通过好玩的抢答器项目来学习树莓派的硬件控制方法，同时不断提高 Python 编程的熟练度。

4.1 树莓派的 GPIO 接口

树莓派 3B+ 主控板可以通过上面的 40 个引脚连接电子设备输入或输出电信号。其排列如图 4.1 所示。

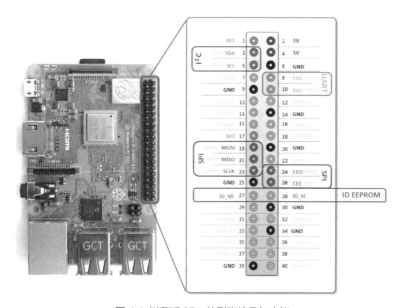

图 4.1 树莓派 3B+ 的引脚编号与功能

将 SD 卡槽置于上方，引脚从上到下按行依次从 1 至 40 号排序。

图中 5V 表示输出 5V 正电压，3V3 表示输出 3.3V 正电压，GND 表示接地。所有标注 GPIO+ 序号的均为数字输入 / 输出接口。GPIO 是通用型输入 / 输出接口的简称。需要注意的是，树莓派所有输入 / 输出接口的标准电压均为 3.3V。

4.2 LED 模块与按钮模块的连接

由于树莓派自身的用电接口较少，为了后面任务能顺利开展，我们可以使用一块 GPIO 接口扩展板。类似的扩展板市面上有多种型号，选择适合的就可以。扩展板的插入方式如图 4.2 所示。

图 4.2 GPIO 扩展板连接示意图

插入扩展板前注意先对树莓派关机、断电。

本章最终要完成一个抢答器项目，要用到 1 个 LED 模块和 2 个按钮模块。由于手持用电模块可能因人体导电而引起异常，我们可以先用一个简单的固定装置将后续会用到的元器件固定起来。本例中的固定装置是通过 CAD 画图、激光切割机切割木板制作的，你也可以用其他方式固定元器件。图 4.3 为模块固定底板示意图，图 4.4 为按钮固定板示意图。

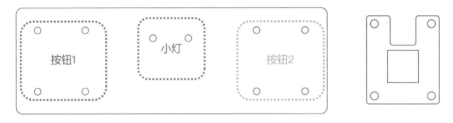

图 4.3 模块固定底板示意图　　　　　　图 4.4 按钮固定板示意图

将每个按钮模块使用按钮固定板、4 组 M3 螺丝、螺母固定到底板上。LED 模块则使用 2 组 M3 螺丝、螺母直接固定。

将 LED 模块的 V（正极）以及 2 个按钮的 VCC 接至树莓派的任意 3V3 引脚，将按钮的 GND 连接到树莓派的任意 GND 引脚，将 LED 模块的 R、B、G 和 2 个按钮的 OUT 接至树莓派的任意 GPIO 引脚。

为使用统一的示例程序，可以将 LED 模块的 R、B、G 接至树莓派的 11、13、15 号引脚，它们在扩展板上的位置为 P17、P27、P22；而 2 个按钮的 OUT 接到树莓派的 12 号和 16 号引脚，它们在扩展板上的位置为 P18 和 P23。

全部连接完成并确定无误后，再将树莓派电源接通并开机。

4.3 点亮一盏小灯

4.3.1 导入 Python 扩展包

要使用 Python 程序对 GPIO 连接的输入 / 输出设备进行控制，需要用到一个名为 RPi.GPIO 的扩展包。在 Python 程序中，许多功能被写在了一些额外的官方或第三方扩展包中，可以通过如下两种方式导入扩展包。

```
import 扩展包名 as 自定义名称
from 扩展包名 import 包中的指定函数、变量
```

第一种方式为直接导入，后面的"as 自定义名称"可以不写。不写时，使用"扩展包名 . 包内的函数或变量名"的形式可以调用包内预先设定好的函数或变量。若设定了自定义名称，则使用"自定义名称 . 包内的函数或变量名"的形式调用。

第二种导入方式则可以选择性导入包中设定的函数或变量，导入多个函数或变量时需使用逗号隔开。若使用"import *"则可导入包中的所有函数及变量。用这种方式导入扩展包时，我们可以直接用导入的函数或变量名来调用它们而不用再写包名。

例如对 RPi.GPIO 扩展包，可以分别这样导入：

```
import RPi.GPIO as gpio
from RPi.GPIO import *
```

若要调用包中名为 setmode 的函数，使用第一种方式导入时需要用 gpio.setmode 来调用，使用第二种方式导入则可以直接用 setmode 调用。

我们可以选用任意一种导入方式，但通常来说，为了避免导入的函数或变量发生重名的情况，建议使用第一种方式。只有在导入的包中的函数或变量很少或我们只需要使用其中特定的几个函数或变量时才建议使用第二种方式。

对 RPi.GPIO 包一般采用第一种导入方式。需要注意的是，Python 程序中的任何位置对大小写都是敏感的，即大写字母和对应的小写字母作为两个不同字符来对待，这里 RPi. GPIO 包的名称中只有字母 i 是小写的。

4.3.2 LED 显示彩色的原理

生活中我们会接触到各种各样的"灯"，比如白炽灯、荧光灯、LED 灯等。其中 LED 灯因其具有耗电量低、体积小、便于数字控制等优点，在生产、生活中的应用日益广泛。

LED 的全称是"发光二极管"。发光二极管的材料在导电状态下可以被激发，并向外释放出光子，也就是发射出特定频率的光。基于材料特性的不同，不同发光二极管发射出的光的频率也不尽相同。光的颜色是由其频率（波长）决定的，从红外线到各种可见光，再到紫外线都是这样。

本例中使用的小灯是一种全彩 LED（也叫 RGB LED），它由 3 种不同颜色（红 R，绿 G，蓝 B）的 LED 小灯珠组成。在可见光中，人眼对红色、蓝色、绿色最为敏感，这 3 种颜色按照不同比例混合即可产生全部的可见光颜色。所以包含 3 色灯珠的 LED 可以发出各种颜色的光。

图 4.5 全彩 LED 模块

图 4.5 所示的全彩 LED 模块的 V 接口代表正极，连接了树莓派的 3.3V 正电压输出，而 R、B、G 分别作为负极连接到了树莓派的不同 GPIO 接口。因此，我们可以通过程序控制这些接口输出不同的电压来控制 3 个小灯珠两极的电压差，从而控制它们的亮与灭，产生不同的亮度，继而混合出不同颜色。

4.3.3 对输入 / 输出设备的设定

在编写程序控制 LED 之前，我们需要先对 LED 连接的 GPIO 接口进行设定。

在图 4.1 中除了 1~40 的编号外，每个 GPIO 引脚后面还有另一个编号。在 Python 程序中使用 GPIO 时，需要指定程序应该使用哪一种编号方式。其设定方法是：

```
gpio.setmode(gpio.BOARD)
或 gpio.setmode(gpio.BCM)
```

BOARD 按照 1~40 的物理引脚编号，BCM 按照 GPIO 后的数字编号。为便于记忆，我们统一使用 BOARD 方式编号。

树莓派作为一个控制板，可以接收按钮等设备传递来的电信号，并通过电信号来控制 LED 等设备。因此，按钮是树莓派的一个输入设备，而 LED 是树莓派的一个输出设备。对树莓派而言，其输入或输出的电信号只有两种情况：高电平（3.3V）或低电平（0V）。这种只有两个分散值的信号被称为数字信号。

树莓派的所有 GPIO 口既可以连接输入设备，也可以连接输出设备，因此需要事先设定其为输入模式还是输出模式：

```
gpio.setup(编号，模式)
```

模式有两种：gpio.IN 代表这是一个输入设备，gpio.OUT 代表这是一个输出设备。

例如，对 LED 连接的 GPIO 接口进行设定的完整程序如下：

```
import RPi.GPIO as gpio
gpio.setmode(gpio.BOARD)
gpio.setup(11, gpio.OUT)
gpio.setup(13, gpio.OUT)
gpio.setup(15, gpio.OUT)
```

4.3.4 让小灯闪烁起来

设定 GPIO 后，我们便可以使用程序来控制 LED 的亮与灭。3 个灯珠的正极都已连接 3.3V 正电压，而 3 个负极连接的树莓派 GPIO 接口只能输出高电平（3.3V）或低电平（0V）的信号。因此输出高电平信号将关闭灯珠（两侧电压差为 0V），而输出低电平信号将点亮灯珠（两侧电压差为 3.3V）。设定 GPIO 接口输出高、低电平的语句为：

```
gpio.output(编号, 电平状态)
```

电平状态只有两种：gpio.HIGH 代表高电平，gpio.LOW 代表低电平。

若要点亮红色、蓝色、绿色全部 3 个灯珠，程序如下。

```
gpio.output(11, gpio.LOW)
gpio.output(13, gpio.LOW)
gpio.output(15, gpio.LOW)
```

现在让我们来编写一个简易的小灯闪烁功能。这个过程实际上就是让小灯亮一定时间再灭一定时间，如此不断循环。为了让程序能控制小灯亮灭一段时间，需要引入 Python 中 time 扩展包的 sleep 函数。

```
from time import sleep
sleep(1)
```

sleep 后的参数表示需等待的时间，单位为秒。

为了简化程序，我们让小灯只控制一个灯珠（例如红色灯珠）交替亮灭。由于在程序执行过程中需要多次调用 LED 模块连接的 GPIO 引脚编号，可以将这些编号赋值给几个变量，方便我们阅读程序：

```
import RPi.GPIO as gpio
R, B, G = 11, 13, 15
gpio.setmode(gpio.BOARD)
gpio.setup(R, gpio.OUT)
gpio.setup(B, gpio.OUT)
gpio.setup(G, gpio.OUT)
gpio.output(R, gpio.HIGH)
gpio.output(B, gpio.HIGH)
gpio.output(G, gpio.HIGH)
```

这个程序段可以完成对 LED 模块的初始化，先行关闭全部 3 个灯珠。

接下来需要控制红色灯珠交替亮灭，假定每次亮与灭的持续时间均为 1 秒。

```
gpio.output(R, gpio.LOW)
sleep(1)
gpio.output(R, gpio.HIGH)
sleep(1)
```

这些语句可以让红色灯珠亮一秒再灭一秒，但我们要让小灯不断循环这个过程，这需要用到 while 循环结构。在这里，循环是不断持续进行的，因此只需将 while 的条件设定为一个永远为真的条件或直接填入 True 值。

```
while True:
    gpio.output(R, gpio.LOW)
    sleep(1)
    gpio.output(R, gpio.HIGH)
    sleep(1)
```

这样就实现了让小灯闪烁的功能。注意 sleep 函数须在程序头部进行导入。

试一试

利用 while 循环结构，建立一个控制 sleep 时间的变量，试着让小灯越闪越快。

4.4　用按钮控制灯的状态

按钮模块（见图 4.6）是我们在树莓派上使用的第一个输入设备。市面上有多种按钮模块的型号可选，我们所用的这种具有按下（输出高电平）和抬起（输出低电平）两种状态。树莓派通过 GPIO 接口读取模块输出的信号电平可以知晓模块的按压状态，从而实现简易的按钮控制功能。

4.4.1　按钮状态的读取与判断

与 LED 模块类似，我们也要先设定按钮连接的 GPIO 接口的输入 / 输出状态。

图 4.6 按钮模块

```
b1, b2 = 12, 16
gpio.setup(b1, gpio.IN)
gpio.setup(b2, gpio.IN)
```

这里，输入设备按钮连接的 GPIO 接口的状态设置为 gpio.IN。

我们可以通过一个简单的函数来读取接口的电平状态：

```
gpio.input(编号)
```

这个函数可能得到两个返回值：gpio.HIGH（高电平）或 gpio.LOW（低电平）。我们可以通过判断按钮的电平状态来执行不同的操作。例如，在按钮被按下时将小灯点亮，否则将小灯熄灭。

```
if gpio.input(b1) == gpio.HIGH:
    gpio.output(R, gpio.LOW)
else:
    gpio.output(R, gpio.HIGH)
```

但是这个程序并不能真正实现预想的功能，因为这段程序仅仅在程序刚刚运行的一瞬间进行按钮按压状态的读取与判断。若要实现持续判断的功能，需要增加一个 while 循环结构。

```
while True:
    if gpio.input(b1) == gpio.HIGH:
        gpio.output(R, gpio.LOW)
    else:
        gpio.output(R, gpio.HIGH)
```

4.4.2 两个按钮的控制与逻辑运算符

我们连接了两个按钮，因此也可以结合两个按钮实现共同对小灯进行控制。例如，两个按钮都被按下即点亮小灯，只要有一个按钮没被按下则熄灭小灯。这个过程可以按照图 4.7 所示的逻辑来执行。

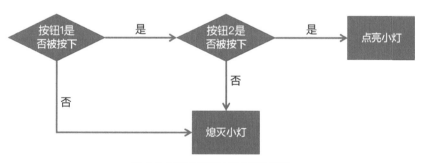

图 4.7 用两个按钮控制小灯的逻辑

将这个逻辑转化为程序：

```
if gpio.input(b1) == gpio.HIGH:
    if gpio.input(b2) == gpio.HIGH:
```

```
        gpio.output(R, gpio.LOW)
    else:
        gpio.output(R, gpio.HIGH)
else:
    gpio.output(R, gpio.HIGH)
```

但这样编写的程序看上去有一点复杂。在需要同时判断多个条件的真假时，我们可以通过逻辑运算符来处理它们的关系。

逻辑运算符有 and（与）、or（或）、not（非）三种。

与运算符 and：用 and 连接两个条件，当两个条件都为真时，返回真；有一个为假时，返回假。等同于我们常说的"并且"。

或运算符 or：用 or 连接两个条件，当两个条件有一个为真时，返回真；都为假时，返回假。等同于我们常说的"或者"。

非运算符 not：在条件前加上 not，可以得到与条件真假相反的结果。等同于对条件加上了"不"字。

上面程序的功能实质上是：按钮 1 被按下并且按钮 2 被按下时点亮小灯，否则熄灭小灯。所以可以利用逻辑运算符编写以下程序。

```
if gpio.input(b1) == gpio.HIGH and gpio.input(b2) == gpio.HIGH:
    gpio.output(R, gpio.LOW)
else:
    gpio.output(R, gpio.HIGH)
```

试一试

用至少两种方法实现两个按钮按下一个则点亮小灯，都不按则熄灭小灯。

4.5 做一个抢答器吧

现在我们来尝试做一个抢答器：两人各执一个按钮，小灯在程序开始后一段时间亮起，由程序判断小灯亮起后谁先按下按钮。

4.5.1 延时点亮小灯

在程序开始一段时间后再点亮小灯的功能可以用 sleep 函数来实现。例如我们让程序开始 3 秒后点亮小灯发出白光（3 个灯珠全部点亮）：

```
import RPi.GPIO as gpio
from time import sleep
R, B, G = 11, 13, 15
gpio.setmode(gpio.BOARD)
gpio.setup(R, gpio.OUT)
gpio.setup(B, gpio.OUT)
gpio.setup(G, gpio.OUT)
```

```
gpio.output(R, gpio.HIGH)
gpio.output(B, gpio.HIGH)
gpio.output(G, gpio.HIGH)
sleep(3)
gpio.output(R, gpio.LOW)
gpio.output(B, gpio.LOW)
gpio.output(G, gpio.LOW)
```

4.5.2 判断获胜者与 break 关键词

小灯亮起后需要判断两个按钮哪个先被按下，哪一方即为获胜者。程序可以用简单的 if 条件结构来编写。

```
b1, b2 = 12, 16
gpio.setup(b1, gpio.IN)
gpio.setup(b2, gpio.IN)
while True:
    if gpio.input(b1) == gpio.HIGH:
        print("1st player wins!")
    elif gpio.input(b2) == gpio.HIGH:
        print("2nd player wins!")
```

这样编写的程序在找出胜者后依然会继续循环。为了跳出循环，可以使用 break 关键词。在循环中使用 break 关键词可以无视条件的状态，主动跳出循环的执行。

```
while True:
    if gpio.input(b1) == gpio.HIGH:
        print("1st player wins!")
        break
    elif gpio.input(b2) == gpio.HIGH:
        print("2nd player wins!")
        break
```

在屏幕上显示出获胜者显然不是很好的主意，我们可以让小灯显示获胜方按钮的颜色。假设 b1 连接的按钮为红色的，b2 连接的按钮为绿色的。

```
while True:
    if gpio.input(b1) == gpio.HIGH:
        gpio.output(R, gpio.LOW)
        gpio.output(B, gpio.HIGH)
        gpio.output(G, gpio.HIGH)
        break
    elif gpio.input(b2) == gpio.HIGH:
        gpio.output(R, gpio.HIGH)
        gpio.output(B, gpio.HIGH)
        gpio.output(G, gpio.LOW)
        break
```

4.5.3 Python 中的随机数

在前面的程序中，我们固定在程序开始运行 3 秒后点亮小灯，这样比较容易找到节奏，抓准规律，如果可以让等待时间随机化显然将更为有趣。

在 Python 中引入随机数可以调用 random 扩展包中的 randint 函数：

```
randint(范围下限，范围上限)
```

这里范围的上下限均为整数，而函数将返回这两个值之间的一个随机整数。延时随机时间的程序可以这样编写：

```
from random import randint
sleep(randint(3, 10))
```

程序完全结束前，建议使用 cleanup 函数结束程序对 GPIO 的调用，但这会导致小灯的熄灭，可以在函数前加入延时来保持亮灯一段时间。

```
sleep(5)
gpio.cleanup()
```

试一试

制作一个随机时间亮灯、可以重复运行的抢答器。

自主练习

这个游戏显然有作弊的方法：在灯亮前就按住按钮。试试通过改写程序来揪出作弊者。

附：抢答器的完整示例程序

```
import RPi.GPIO as gpio
from time import sleep
from random import randint
# 将连接的各引脚编号存储成变量
R, B, G = 11, 13, 15
b1, b2 = 12, 16
# 使用变量 winner 表示获胜者，初始值为 0
winner = 0
gpio.setmode(gpio.BOARD)  # 设定板子的编号模式
# 设定各引脚的输入 / 输出模式
gpio.setup(b1, gpio.IN)
gpio.setup(b2, gpio.IN)
gpio.setup(R, gpio.OUT)
gpio.setup(B, gpio.OUT)
gpio.setup(G, gpio.OUT)
# 先熄灭小灯
gpio.output(R, gpio.HIGH)
gpio.output(B, gpio.HIGH)
gpio.output(G, gpio.HIGH)
# 随机延迟 3~10 秒
sleep(randint(3, 10))
# 点亮小灯发出白光
```

```
gpio.output(R, gpio.LOW)
gpio.output(B, gpio.LOW)
gpio.output(G, gpio.LOW)
# 开始循环
while True:
    # 判断谁先按下按钮, 即显示对应颜色, 假设 b1 连接的按钮为红色的, b2 连接的按钮为绿
色的
    if gpio.input(b1) == gpio.HIGH:
        gpio.output(R, gpio.LOW)
        gpio.output(B, gpio.HIGH)
        gpio.output(G, gpio.HIGH)
        break
    elif gpio.input(b2) == gpio.HIGH:
        gpio.output(R, gpio.HIGH)
        gpio.output(B, gpio.HIGH)
        gpio.output(G, gpio.LOW)
        break
#5 秒后清除对 GPIO 的调用
sleep(5)
gpio.cleanup()
```

本章要点回顾

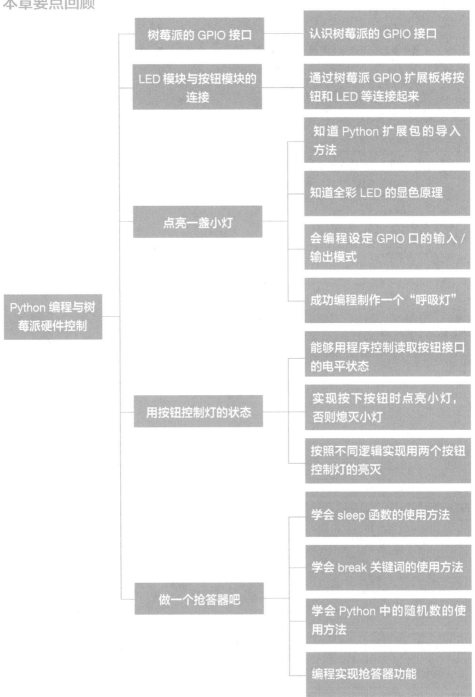

树莓派的 GPIO 接口 — 认识树莓派的 GPIO 接口

LED 模块与按钮模块的连接 — 通过树莓派 GPIO 扩展板将按钮和 LED 等连接起来

点亮一盏小灯 —
- 知道 Python 扩展包的导入方法
- 知道全彩 LED 的显色原理
- 会编程设定 GPIO 口的输入 / 输出模式
- 成功编程制作一个"呼吸灯"

Python 编程与树莓派硬件控制

用按钮控制灯的状态 —
- 能够用程序控制读取按钮接口的电平状态
- 实现按下按钮时点亮小灯，否则熄灭小灯
- 按照不同逻辑实现用两个按钮控制灯的亮灭

做一个抢答器吧 —
- 学会 sleep 函数的使用方法
- 学会 break 关键词的使用方法
- 学会 Python 中的随机数的使用方法
- 编程实现抢答器功能

第 5 章　机器视觉入门

5.1 机器视觉与图像识别

5.1.1 机器是怎样"看"的

我们人类可以通过感觉器官感知世界，例如用眼睛"看"、用耳朵"听"、用鼻子"闻"、用舌头"尝"等。而用眼睛看，也就是视觉，是其中非常重要的一种感觉。

人工智能系统的一个重要发展方向是对人类机能的模拟，因而学会"看"对人工智能而言是非常关键的一步。

在分析机器如何"看"之前，我们先简单了解一下人类的视觉机制。我们天生就能使用眼睛接收光线，从而可以看到五彩斑斓的世界，这是因为人眼的视觉细胞中存在分别对红色、绿色、蓝色敏感的3种细胞，从而可以识别出这3种颜色，并可以通过它们的融合识别其他颜色。其流程如图5.1所示。

图 5.1 感光细胞成像的简易流程

因此，红、绿、蓝3种颜色被称为视觉三原色，它们的任意组合可以构成可见光的所有颜色。三原色及其组合如图5.2所示。

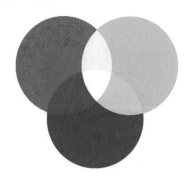

图 5.2 红、绿、蓝三原色及它们的组合

人类在很长的历史时期之中只能用绘画的方式将眼中的视觉图像留存下来，直到19世纪，人们第一次研制出了能存储光线信息的仪器——照相机。传统的彩色照相机利用某些化学物质对三原色光线的敏感性在底片（胶卷）上显出对应的颜色（见图5.3）。其工作原理与人眼的成像原理有相似之处。

图 5.3 传统彩色照相机的显像原理

现代的数码相机则稍有不同，它不再依赖于特定的化学物质，而是通过电子感光单元将接收到的光线信息转化为电信号，并经由芯片处理后将这些电子信息存储起来或传递出去（见图 5.4 ）。

图 5.4 数码相机获取图像的原理

电子感光单元通常由大量方块型的微型感光半导体元件构成，它们通常紧密排列为一个矩形结构（见图 5.5 ）。

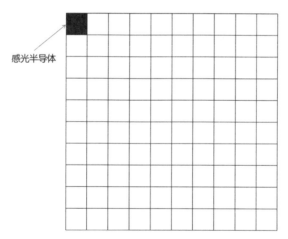

图 5.5 电子感光单元中以矩形排列着大量的感光半导体

每一个感光半导体可以通过滤波感知到接收光线中三原色的光照强度。因此，电子感光单元可以知道接收到的光线每一个位置上红、绿、蓝光的强度。因此，图像的电子信息实质上就是每一个感光半导体所测得的三原色光强度信息。这样得到的图像信息并不是完全连续的，它的最小单元是一个感光半导体所占据的小方块，这些小方块被称为图像的像素。

传统照相机可以通过对底片的处理直接还原出实体的照片，数码相机得到的图像信息还需要通过电子显像呈现出来。

我们可以使用大量微型的彩色LED"小灯"按照与感光半导体相同的方式排列成显示器，再令每个"小灯"接收各自像素对应的三原色光强度信息，从而显示出完整图像。

借由这一过程，数码相机可以模拟人眼获取视觉图像的过程（见图5.6）。

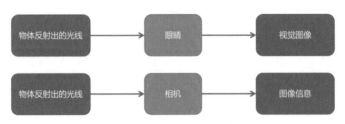

图 5.6 相机与人眼成像的对比

但人类不单可以用眼睛"看到"图像，还可以用我们的大脑对图像进行分析，识别图像中有意义的信息，例如物体的颜色、形状，甚至种类等。

人工智能视觉的关键就在于如何从图像中分析出各种物体的颜色、形状等基本信息，进而分析它们所蕴含的意义。这个过程就被称为图像识别，或者机器视觉。图 5.7 所示为机器视觉与人类视觉的对比。

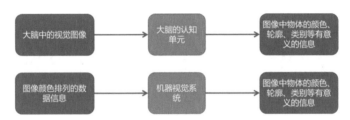

图 5.7 机器视觉与人类视觉的对比

5.1.2 机器视觉技术的常见应用

机器视觉技术是当前人工智能的一个重要分支，现阶段已有了大量重要的现实应用。

相似图像搜索

2009—2010 年，谷歌、百度等搜索公司相继推出了以图搜图的图片搜索功能。这一功能可以分析图片上的特征信息，并从互联网上找到与该图片相似的图片。现在，各类手机购物 App 也可以以类似的原理实现拍摄商品照片，找到相似商品的功能。

文字识别

很多电子设备都可以使用 OCR（光学字符识别）技术识别纸质资料上的文字，目前较为成熟的 OCR 技术可以以较高的成功率读取手写文字。

面部识别

当前的智能手机上大多搭载了利用手机摄像头结合人工智能算法实现的面部识别功能。结合这一功能，智能手机可以以较高的安全性进行解锁、支付等操作。

除此以外，面部识别还被广泛应用于公共安全领域，不单可以在特定场所保护公共安全，还可以帮助侦破刑事案件。

目标检测

人工智能图像识别的一个关键是识别图像中的物体并对它们进行分类。现在，随着人工神经网络技术的发展，我们可以更轻松地使用一些开源的神经网络工具"训练"AI 识别物体。图 5.8 所示为目标检测工具识别指定种类的物体。

图 5.8 目标检测工具 YOLO 可以准确地从图像中识别指定种类的物体

5.2 认识 OpenCV

通过前面的学习，我们知道，计算机等电子设备中存储的图像信息实质上是以像素排列的颜色值信息，也就是大量的数据。要从图像信息中得到有意义的信息，就必须对这些数据进行分析与处理。

计算机科学家和相关领域的从业者在过往几十年时间内发展出了大量用于处理计算机图像信息的数学方法。开源的计算机视觉库 OpenCV 内置了大量这类数学方法，可以帮助我们分析图像信息。

5.2.1 OpenCV 简介

英特尔公司于 1999 年发起了一个以计算机图像处理为主题的开源程序库项目

OpenCV（开源计算机视觉库），它已成为目前影响力最大的一个开源计算机视觉库。OpenCV 在面部识别、手势识别、目标识别、增强现实（AR）等问题上都能发挥重要的作用。

2009 年，OpenCV 发布了其第一个第二代正式版本。自 2012 年起，一个专门的非营利组织负责 OpenCV 项目的后续支持。OpenCV 2015 年发布其第三代，2018 年发布到第四代。在我们后续的项目中，将使用目前应用最为广泛的 OpenCV 第三代版本。

图 5.9 OpenCV 的 Logo，
包含视觉三原色要素

OpenCV 本体以 C++ 程序语言编写，但也提供了包括 Python 在内的其他编程语言的扩展接口。图 5.9 所示为 OpenCV 的 Logo。

5.2.2 视频的帧与分辨率

OpenCV 不单可以用于处理静态的图像信息，其很重要的一个目标是对实时的动态图像进行处理。

我们可以运用摄像头来捕获动态的视频图像。摄像头的基本成像原理与数码相机完全相同，只不过它可以实时以较短的时间间隔连续获取图像信息。这些图像信息按时间顺序排列起来就组成了我们常说的视频。

我们看到的视频实际上都是由若干张静态图片连续播放而成的（见图 5.10）。人类大脑的视觉系统会将连续播放的相似图片自动连接成连贯的影像。

视频中每一张静态图片被称为视频的一帧（frame）。视频每秒输出的帧数量是一个很重要的指标，这被称为帧率（单位为帧 / 秒）。现在主流的视频帧率是 30 帧 / 秒或 60 帧 / 秒。帧率越高，视频越流畅。

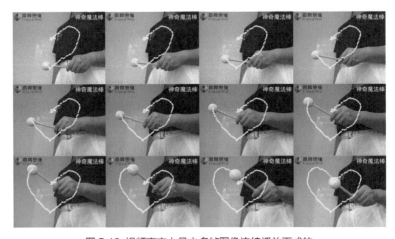

图 5.10 视频事实上是由多帧图像连续播放而成的

一个视频中每一帧图像的像素排列是完全一致的。视频中每帧图片的横轴、纵轴像素的数量被称为视频的分辨率。以树莓派官方摄像头为例，该摄像头拍摄的图像横轴拥有 640 个像素，而纵轴拥有 480 个像素，所以其分辨率为 640 像素 × 480 像素。

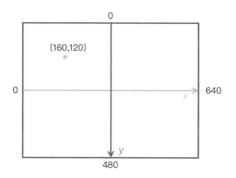

图 5.11 树莓派摄像头的分辨率及像素坐标的排列方式

如图 5.11 中橙色点所示，我们可以将每个像素定位到其在 x 轴（横轴）和 y 轴（纵轴）方向的位置，并标注为（x 坐标，y 坐标）。

视频的分辨率常以纵轴的像素数量来表示，例如标清视频为 480p，指的是纵轴有 480 个像素。而高清视频为 720p，全高清视频为 1080p，4K 视频则为 2160p。标准视频的横纵像素比通常为 16:9 或 4:3。显然，分辨率越高，视频越清晰。

5.2.3 用树莓派摄像头调取图像

要在树莓派中调用 OpenCV 处理实时图像，需要在树莓派主板上安装摄像头。安装摄像头前请先将树莓派关机并断电，如果连接了 GPIO 扩展板，须将其拆离。使用 FFC 摄像头排线将摄像头连接到树莓派板上的摄像头插口上，注意摄像头线在树莓派板上的连接位置与方向（见图 5.12）。

图 5.12 注意摄像头线在树莓派板上的连接位置与方向

　　使用本书配套的镜像文件安装的树莓派系统中，已经为树莓派 Python 3 安装了其 OpenCV 扩展包及所需的视频处理工具。OpenCV 包的导入方法如下。

```
import cv2
```

　　注意，这里的数字 2 与 OpenCV 的版本无关，仅表示该扩展包的名称。

　　使用 OpenCV 测试摄像头的完整程序如下。

```
import cv2 # 导入 OpenCV 扩展包
cap = cv2.VideoCapture(0) # 读取摄像头信号
while cap.isOpened(): # 当摄像头信号存在时，进行循环
    (ret, frame) = cap.read() # 将读取的信号中的一帧存为 frame 变量
    cv2.imshow('test', frame) # 预览帧
    cv2.waitKey(5) # 每帧等待 5 毫秒
```

　　运行程序后将在弹出的窗口中看到其拍摄到的实时画面。如果未能看到画面，请检查摄像头的连接。

　　现在我们来分析一下这段程序代码的运作过程。OpenCV 可以使用 VideoCapture 读取视频。其后的括号中填写序号 "0" 将可以读取树莓派的默认摄像头信号。如果连接了其他摄像头，可以用其他序号来获取。此外，在这里填写视频存储地址，也可以直接读取树莓派系统中存储的视频。

　　将读取视频的结果创建为 cap 后，使用 isOpened 函数可以返回其读取视频的结果。如果读取成功，则返回 True（真），否则返回 False（假）。因此，我们可以将它作为 while 循环的条件实现循环读取视频信号。

　　对 cap 使用 read 函数将返回视频中一帧的信息，这个函数存在两个返回值：该帧是否存在以及这一帧的具体信息。我们可以用形如 (ret, frame) = cap.read() 的格式将第一个返回值存为 ret，第二个返回值存为 frame。

　　ret 在帧存在时为 True（真），否则为 False（假）。frame 则包含了这一帧中所有像素点的三原色值信息及其排列方式。OpenCV 读取的帧信息的每一个像素由三原色值按照 B（蓝）、G（绿）、R（红）的顺序排列，每一个值的范围为 0（最暗）~255（最亮）。

　　使用 imshow 函数可以将图像信息显示为一个窗口中的图像，其格式为：

```
imshow( 窗口名称 , 图像信息 )
```

　　OpenCV 中使用 imshow 显示图像后必须使用一个 waitKey 函数。函数的参数值为以毫秒为单位的时间，表示在显示一帧后等待这些时间再继续。

试一试

　　连接树莓派摄像头，用 OpenCV 预览实时视频。

5.3　用 OpenCV 识别颜色

使用 OpenCV 调取图像的信息只是我们分析图像的第一步，OpenCV 的强大之处在于它可以通过一些预置函来方便地处理这些信息。机器视觉技术识别物体首先需要确定物体的位置，勾勒出其轮廓，而区分物体与背景的关键在于颜色的分界。因此，学会识别特定颜色的物体是我们运用 OpenCV 工具认识图像的第一步。

5.3.1　HSV 颜色空间

OpenCV 读取的图像信息在每一像素上都由 B、G、R 的颜色值排列而成，但事实上用这 3 个颜色值来区分颜色并不像想象中那么简单：同一物体的三原色值在环境光照变化的情况下将发生很大的变化，使用一定的颜色区间来锁定特定物体几乎是不可能完成的任务。

为了解决这一问题，我们可以使用另一种描述颜色的方式：HSV 颜色空间。

相比直接用三原色值来表述颜色，使用颜色的另外一些属性来描述它们更符合人眼对颜色的认知。这些属性包括颜色的色相（Hue）、饱和度（Saturation）、亮度（Value）。使用这 3 种颜色属性描绘颜色的方法于 1978 年由计算机科学家 Alvy Ray Smith 提出，这些值可以用三原色值经过简单的数学转换得到。

色相（H）是颜色的基本属性。我们可以将三原色红、绿、蓝置于一个圆盘的 0°、120° 和 240° 位置，然后将其他颜色插入排列。

饱和度（S）代表颜色的纯度或"鲜艳程度"。颜色的饱和度越高，则色彩越"纯正"。

亮度（V）代表颜色的明亮程度。亮度越大则颜色越亮，否则越暗。

图 5.13 所示为 HSV 颜色空间的图示，这种描绘颜色的方式相对三原色更接近人的视觉感受，H、S、V 三种颜色值的变化可以被人眼敏锐地感觉到。通常，色相（H）的取值范围为 0~360，而饱和度（S）与亮度（V）被划为 100 份，取值范围为 0~100。

图 5.13 HSV 颜色空间的图示

在 Geany 中，我们可以单击运行键右侧的按键打开颜色选择器，从这里可以获取不同颜色的 HSV 值与 RGB 值（见图 5.14）。

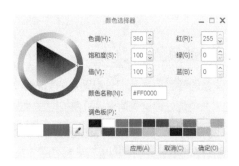

图 5.14 Geany 中的颜色选择器

OpenCV 中有一个内置函数 cvtColor 可以方便地将图像信息从一个颜色空间转换到另一个颜色空间，例如：

hsv = cv2.cvtColor(frame, cv2.COLOR_BGR2HSV)

这一语句可以将原本 BGR 颜色空间上的 frame 信息转换为 HSV 颜色空间并存储到 hsv 中。需要注意的是，OpenCV 中 H 值的取值范围是 0~180，S 和 V 值则是 0~255。若将通常的 HSV 值代入 OpenCV 中分析，须先对 H、S、V 分别按比例转换。

我们常见的颜色都处于 HSV 颜色空间的某个范围内。图 5.15 所示为一些颜色的大致范围（按照 OpenCV 的取值范围）。

颜色范围	黑色	灰色	白色	红色	橙色	黄色	绿色	青色	蓝色	紫色
H最小值	0	0	0	0或156	11	26	35	78	100	125
H最大值	180	180	180	10或180	25	34	77	99	124	155
S最小值	0	0	0	43	43	43	43	43	43	43
S最大值	255	43	30	255	255	255	255	255	255	255
V最小值	0	46	221	46	46	46	46	46	46	46
V最大值	46	220	255	255	255	255	255	255	255	255

图 5.15 常见颜色的 HSV 颜色区间

由于标准红色在色调盘中被置于 0° 位置，所以红色的 H 值存在两个范围：0~10 和 156~180。

5.3.2 图像的二值化

在 HSV 颜色空间中，我们可以设定出待检测物体颜色所在的区间。假定待检测物体是一个较均匀的黄色物体，其颜色值的范围为：H 值 26~34，S 值 43~255，V 值 46~255。我们可以将这个范围设定一个下限和上限并分别定义：

```
yellow_lower = (26, 43, 46)
yellow_upper = (34, 255, 255)
```

这种定义方式事实上是建立了元组类型的变量,关于该类型变量的知识请参见5.4.2节。

接下来为了勾勒出这个物体的轮廓,需要先将图像中属于这个区间的像素与不属于这个区间的像素进行分割。为了方便,我们可以将属于这个区间的像素直接取值为 1,而将不属于这个区间的像素取值为 0,这样就构成了一个只由 0 和 1 排列的图像信息。使用 OpenCV 中的 inRange 函数可以轻松地完成这一步骤:

`inRange ( 图像信息,分割的颜色下限,分割的颜色上限 )`

函数返回一个 0 和 1 排列而成的图像信息。这种将图像的所有像素用 0 和 1 表示的方法被称为图像的二值化。二值化是处理计算机图像时常用的一种数学方法。若将值为 0 的像素用黑色标出,而将 1 用白色标出,inRange 函数可以完成图 5.16 所示的转换。

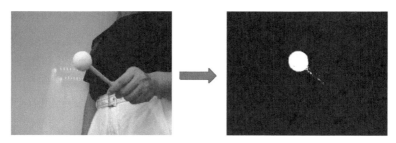

图 5.16 inRange 函数可以按指定颜色区间完成图像的二值化

5.3.3 找到轮廓的位置

接下来我们可以通过二值化图像方便地找出黑、白区域分界线的位置,即待检测物体的轮廓。寻找二值化图像轮廓可以用 findContours 函数来实现:

`findContours ( 图像信息,输出模式,输出方法 )`

这里,我们传入的第一个参数“图像信息”是二值化的图像信息。

第二个参数“输出模式”指定输出轮廓的类型,主要有以下 3 种类型。

cv2.RETR_EXTERNAL:只输出外轮廓。

cv2.RETR_LIST:输出所有轮廓。

cv2.RETR_TREE:输出所有轮廓,并输出轮廓间的包含关系。

第三个参数“输出方法”指的则是输出的轮廓信息所包含的内容,主要有以下两种输出方法。

cv2.CHAIN_APPROX_SIMPLE:只输出拐角点的坐标。

cv2.CHAIN_APPROX_NONE:输出所有连续点的坐标。

在本例中,为简便起见,我们采用 cv2.RETR_EXTERNAL 与 cv2.CHAIN_APPROX_SIMPLE 两个参数。函数一共存在 3 个连续的返回值:传入的图像信息本身、轮廓坐标的信息、各个轮廓之间的包含关系。在指定只输出外轮廓的情况下,我们实际上只需要用到其第二个返回值。

将图像进行二值化并寻找外轮廓的完整代码如下所示。

```
mask = cv2.inRange(hsv, yellow_lower, yellow_upper)
(mask, cnts, hierarchy)= cv2.findContours(mask, cv2.RETR_EXTERNAL, cv2.
CHAIN_APPROX_SIMPLE)
```

在这段代码中，我们首先将图像按照设定的颜色区间转换为二值化图像信息，并用 mask 变量存储。然后，我们寻找图像中的轮廓，并用 cnts 变量存储找到的全部轮廓信息。但是，这样找到的轮廓包含了图像中所有处于该颜色区间中的物体轮廓，例如图 5.16 右侧的一些噪点也会被检测出来。为了只输出待检测物体的轮廓，我们需要找到所有轮廓中面积最大的一个。

Python 中存在一个 max 函数，它可以输出一组数据中最大的一个。在本例中，我们需要输出的数据并非绝对数值最大，而是包围面积最大。这种情况下，在 max 函数中设定比较方式即可实现：

最大值 = max(一组数据 , key= 比较方式)

找最大面积的比较方式在 OpenCV 中被设定为 contourArea，我们可以用下面的语句将 cnts 中面积最大的轮廓存储在变量 c 中：

```
c = max(cnts, key=cv2.contourArea)
```

最后，我们需要从 c 中得到这个轮廓的具体位置。使用 minEnclosingCircle 函数可以得到一个轮廓的最小包围圆（指能包围这个轮廓的最小的圆）的圆心坐标和半径。

minEnclosingCircle 函数只有一个参数：轮廓信息。而函数将连续返回两组值：圆心的坐标（横坐标，纵坐标）、圆的半径。

使用 ((x, y), radius) = cv2.minEnclosingCircle(c) 将可以直接存储这些信息。我们用变量 x 存储横坐标，变量 y 存储纵坐标，变量 radius 则存储圆的半径。

不过，如果摄像头没有捕捉到任何指定颜色的物体，cnts 将是完全"空"的，这将导致 max 函数报错。我们可以加入下列判断。

```
if len(cnts) > 0:
    c = max(cnts, key=cv2.contourArea)
((x, y), radius) = cv2.minEnclosingCircle(c)
```

这里 len 可以表示一组数据的"长度"。若 len 大于 0，表示其不为"空"。

len 函数的对象事实上是列表类型，关于该类型的知识请参见 5.4.2 节。

试一试

找一个颜色均匀的物体，用 OpenCV 输出这个物体在摄像头中的中心位置和大小。请根据目标物体的颜色调整 inrange 函数的参数值，注意尽量排除背景中颜色相近的其他物体。

附：识别黄色物体的完整程序代码

```
import cv2
cap = cv2.VideoCapture(0) # 开始读取摄像头信号
while cap.isOpened(): # 当读取到信号时
    (ret, frame) = cap.read() # 读取每一帧视频图像为 frame
    hsv = cv2.cvtColor(frame, cv2.COLOR_BGR2HSV) # 将颜色空间转换为 HSV
    yellow_lower = (26, 43, 46) # 指定目标颜色的下限
    yellow_upper = (34, 255, 255) # 指定目标颜色的上限
    mask = cv2.inRange(hsv, yellow_lower, yellow_upper) # 使用目标范围分割
图像并二值化
    (mask, cnts, hierarchy) = cv2.findContours(mask, cv2.RETR_EXTERNAL,
cv2.CHAIN_APPROX_SIMPLE) # 寻找其中的所有外轮廓
    if len(cnts) > 0: # 如果至少找到一个轮廓
        c = max(cnts, key=cv2.contourArea) # 找出其中面积最大的轮廓
        ((x, y), radius) = cv2.minEnclosingCircle(c) # 分析轮廓的中心位置和
大小
        print(" 中心坐标 ", (x, y))
        print(" 半径 ", radius)
    cv2.imshow('test', frame) # 将图像显示到屏幕上
    cv2.waitKey(5) # 每一帧后等待 5 毫秒
```

5.4 做一个魔法棒吧

获得了物体的坐标后，可以用它来完成一些有趣的事情，例如把物体当作"笔"在图像上绘制出图样。我们可以选择一种颜色的黏土，将其固定在任意棒状物（例如铅笔）的一端并揉成球形，做一个 DIY 的"魔法棒"（见图 5.17）。如果没有黏土，也可以用任意颜色均匀的小物体代替。

图 5.17 用"魔法棒"绘制图样

5.4.1 用 OpenCV 绘制小圆点

为了让魔法棒实现画图的效果，我们需要学习用 OpenCV 进行图形的绘制。画小圆点可以利用 circle 函数来实现：

```
circle(图像信息，圆心坐标，圆的半径，线的颜色，线的宽度)
```

圆心坐标和线的颜色必须用小括号括起；颜色按 BGR 的顺序指定，3 个参数依次为蓝色值、绿色值、红色值，范围为 0~255；线宽的参数为 −1 时表示圆被实心填充，绘制圆点时指定这个参数为 −1 即可。代码如下所示。

```
cv2.circle(frame, (x, y), 2, (0, 255, 255), -1)
```

该语句可以在 frame 图像上以 (x, y) 点为圆心绘制一个半径为 2 的黄色实心圆。

但此前输出的目标物体中心坐标 x 和 y 都是小数（float 类型），而 circle 函数只能接受整数（int 类型）的圆心坐标值。

Python 中，使用 int 函数可以将其他类型的值转为整数。对小数而言，使用该函数转化后将直接舍弃掉小数点后的数据。

因此，这一句可以这样改写：

```
cv2.circle(frame, (int(x), int(y)), 2, (0, 255, 255), -1)
```

结合这一语句，我们可以在图像上检测到的物体中心坐标上打上一个小圆点。通常情况下，为了绘点时看起来更舒适，我们期望能让摄像头像照镜子一样显示镜面的图像，这可以用 flip 函数转换得到，例如：

```
frame = cv2.flip(frame, 翻转方式)
```

翻转方式值为 0 表示上下翻转，为任意正数表示左右翻转，为任意负数表示上下左右均翻转。flip 函数将对传入的图像进行翻转并返回翻转后的图像。

试一试

制作一个"魔法棒"，确定其对应的 HSV 颜色值区间并通过 OpenCV 找到所在的位置，在屏幕上绘制出与其颜色类似的小圆点。

5.4.2 Python 中的列表与元组

现在我们只能让 OpenCV 在每一帧中绘制一个点。要绘制连续的点，需要将过去所有帧中物体的中心坐标记录下来，再将它们在一帧中全部绘制出来。

在需要存储一组数据时，我们可以使用 Python 中的列表（list）类型。列表是一种数据类型，它可以存储一系列按顺序排列的数据。这些数据可以是一个数字、一个字符串，或是另一个列表。我们可以用下面的语句给一个列表型变量 list 赋值：

list = [1, 2, 3, 4, 5]

对列表赋值时须使用中括号 [ ] 括起，并以逗号分隔其中的数据。这个名为 list 的列表按顺序排列了 5 个数字，使用列表名 [排列序号] 的方式可以调出指定位置的值。排列序号从 0 开始，例如 list[0] 将取出第一个值 1。列表中的每一个值被称为列表中的一个元素。

在记录物体坐标的例子中，我们可以先建立一个空的列表：

```
pointlist = []
```

　　每刷新一帧找到新的坐标值时，使用 append 函数可以方便地将一个值添加到列表 pointlist 的最后一位：

```
pointlist.append([x, y])
```

　　这里用中括号括起的 [x, y] 实际上也是一个列表，它包含 x 和 y 两个值。

　　在此前的程序中，实际上我们曾多次提到过"一组数据"这个概念，它代表了与列表非常类似的元组类型。

　　元组（tuple）是 Python 中另一种由一系列按顺序排列的数据构成的数据类型，它基本上是一个不可修改的列表。例如，元组不能用 append 函数追加一个值，也不能对其中的任何值进行更改。在赋值时，元组需要使用小括号括起，而不是用中括号括起：

```
tuple = (1, 2, 3, 4, 5)
```

　　在不涉及修改操作时，列表和元组能使用的函数基本是一致的。例如 len 函数可以得到一个列表或元组中元素的数量，也就是它的长度。

5.4.3 for 循环遍历结构

　　按照这样的方式，我们可以得到一个存储着过往每一帧物体中心坐标的列表。接下来只需要在这个列表中的每一个坐标上都画上一个小圆点即可。

　　要实现这一操作，可以使用 for 循环遍历结构。与 while 循环类似，for 循环结构也是一个循环型结构，但它主要用于对列表、元组等的元素进行遍历。for 循环结构的写法如下：

```
for 变量 in 列表或元组等：
    循环内执行的语句
```

　　这里，我们需要设定一个变量，在每一次循环中依次用列表或元组中的元素对它赋值，再执行循环中的语句。内部的执行语句须进行缩进。for 循环遍历的执行逻辑如图 5.18 所示。

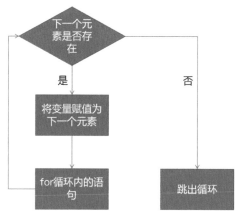

图 5.18 for 循环遍历结构的逻辑流程

for 循环遍历的对象也可以不是列表或元组，而是一个字符串或是数值范围。

```
for char in "Hello World":
    print(char)
```

该程序段可以从左至右按顺序打印出字符串中的每一个单个的字符。

```
for i in range(0, 100):
    print(i)
```

此段程序则可以从 0 开始以 1 递增，打印到 99 为止。注意这里的 range(范围起点，范围终点) 设定了遍历的数值范围，实际遍历的区间包括起点，但不包括终点。

回到绘制列表中小圆点的例子中，该程序也可以用 for 循环结构编写。

```
for point in pointlist:
    x = point[0]
    y = point[1]
    cv2.circle(frame, (int(x), int(y)), 2, (0, 255, 255), -1)
```

在每次循环中，point 变量存储着列表中的一个元素，即形式为 [x, y] 的坐标列表。用 point[0] 和 point[1] 可以分别得到对应的横坐标和纵坐标。

试一试

利用列表与 for 循环遍历，让屏幕上的图像显示魔法棒经过的所有点，实现基本的程序功能。

5.4.4 按键值与键盘控制

到此为止，程序已经完成"魔法棒"的基本功能了，但还有一点小不足：我们希望可以手动控制绘制图案的开始与停止，而不是在程序开始后立即绘制图案。

利用 OpenCV 的 waitKey 函数可以方便地实现手动开始、暂停或清除图案的功能。此前我们知道，waitKey 函数必须跟在 imshow 之后，表示在显示一帧后等待的时间（单位为毫秒）。事实上，设置 waitKey 函数的主要作用是在等待的时间内获取键盘的按键指令：

```
k = cv2.waitKey(5)
```

这样得到的 k 变量可以获得在这段时间内键盘按下的按键值。在计算机中，每一个键盘按键都可与一个数字值对应，对应的方式称为键盘编码。OpenCV 使用的编码方式是 ASCII（美国信息交换标准代码）。我们并不需要记忆每一个按键对应的值，可以用 Python 中的 ord 函数将按键的字母、符号或数字转化为其 ASCII 值。其代码如下所示。

```
k = cv2.waitKey(5)
if k == ord("q"):
    break
```

这样我们在按下 q 键后，程序将跳出循环。为了用键盘指令告诉程序开始绘制，可以建立一个变量来表示绘制状态，例如令 start = 0，0 表示不绘制，1 表示进行绘制。首先在循环中加入判断，只有当 start = 1 时才记录目标物体的坐标。

```
if start == 1:
    pointlist.append([x, y])
```

再用一个键盘指令改变 start 的值。

```
if k == ord("s"):
    start = 1
```

这样我们在运行程序后按下键盘 s 键即可开始绘制。依照相似的方式，我们也可以通过改变 start 变量的取值实现绘制图案的停止、清除等键盘指令。

试一试

制作一个可以按键控制开始、停止、清除绘制图案的魔法棒。

自主练习

制作几种不同颜色的魔法棒，用程序分别识别它们的颜色并进行绘制，来画一个多彩的图案。

附："魔法棒"的完整示例代码

```
import cv2
cap = cv2.VideoCapture(0) # 开始读取摄像头信号
pointlist = [] # 声明一个列表用于存储点的位置
start = 0 # 声明一个变量表示是否开始记录点的位置
while cap.isOpened(): # 当读取到信号时
    (ret, frame) = cap.read() # 读取每一帧视频图像为 frame
    hsv = cv2.cvtColor(frame, cv2.COLOR_BGR2HSV) # 将颜色空间转换为 HSV
    yellow_lower = (26, 43, 46) # 指定目标颜色的下限
    yellow_upper = (34, 255, 255) # 指定目标颜色的上限
    mask = cv2.inRange(hsv, yellow_lower, yellow_upper) # 使用目标范围分割
图像并二值化
    (mask, cnts, hierarchy) = cv2.findContours(mask, cv2.RETR_EXTERNAL,
cv2.CHAIN_APPROX_SIMPLE) # 寻找其中的所有外轮廓
    if len(cnts) > 0: # 如果至少找到一个轮廓
        c = max(cnts, key=cv2.contourArea) # 找出其中面积最大的轮廓
        ((x, y), radius) = cv2.minEnclosingCircle(c) # 分析轮廓的中心位置和
大小
        if radius > 20: # 仅当半径大于 20 时
            if start == 1: # start = 1 说明开始记录
                pointlist.append([x, y]) # 将点的位置追加到 pointlist 列表
            elif start == 0: # start = 0 说明需要清除图像上的点
                pointlist = [] # 将 pointlist 重新置空
    for point in pointlist: # 遍历 pointlist 中所有点的位置
        x = point[0]
        y = point[1]
# 在这些点的位置上绘制一个彩色小圆点
```

```
        cv2.circle(frame, (int(x), int(y)), 2, (0, 255, 255), -1)
cv2.imshow('MagicWand', frame) # 将图像显示到屏幕上
k = cv2.waitKey(5) # 每一帧后等待 5 毫秒，并将键盘的按键值存为 k
# 如果按 q 键，程序退出；按 s 键，开始绘制；按 p 键，停止绘制；按 e 键，清除绘制
if k == ord("q"):
    break
elif k == ord("s"):
    start = 1
elif k == ord("p"):
    start = -1
elif k == ord("e"):
    start = 0
```

本章要点回顾

```
机器视觉入门
├── 机器视觉与图像识别
│   ├── 知道视觉三原色能够组合成所有可见光的颜色
│   ├── 说说传统相机和数码相机留存图像的原理分别是怎样的
│   ├── 知道"像素"的概念,以及电子显像的原理
│   └── 知道机器视觉的含义,列举其应用
├── 认识 OpenCV
│   ├── 知道 OpenCV 是目前影响力最大的一个开源计算机视觉库
│   ├── 说说视频的帧与分辨率分别是什么意思
│   └── 学会安装树莓派摄像头,并编程调取图像
├── 用 OpenCV 识别颜色
│   ├── 说明 HSV 颜色空间描述了颜色的哪些属性
│   ├── 知道让机器确定特定物体位置的方法
│   └── 编写代码成功识别特定颜色的物体
└── 做一个魔法棒吧
    ├── 学会用 OpenCV 绘制小圆点
    ├── 了解 Python 中的列表和元组的概念
    ├── 知道 for 循环遍历结构的逻辑和用法
    └── 编写程序实现"魔法棒"的效果
```

第 6 章

机械臂智能分拣任务

6.1 认识机械臂

6.1.1 应用广泛的机械臂

迄今为止,机器人的研究与制造已经过了数十年的历程,发展出了多种不同形态的机器人。而机器人在工业领域的应用最为广泛,其中对人类帮助最大的类型就是机械臂。

在制造业流水线等各种场景中,我们会常见到一群灵活高效的机械臂的身影,它们可以在汽车生产线上焊接、拧螺丝,或者在工地上快速搬砖、砌砖,当然也可以在仓库里帮忙搬运打包快递。机械臂可以说是人类手臂的延伸,帮助我们完成了许多机械性劳作(见图 6.1)。

图 6.1 工业机械臂

机械臂是一套具备多个旋转轴的复杂耦合系统,它通常是由多个电机构成的机械结构,在末端安装机械爪、吸盘、机械手等装置,实现模拟手臂操作的效果。机械臂的复杂程度通常取决于其可旋转轴的数量。旋转轴的数量通常也被称为自由度,常见的机械臂一般具备 3~6 个自由度。

6.1.2 三轴机械臂结构分析

机械臂在不同使用场景中的设计有所不同。本例中使用的是一种桌面级的三轴机械臂(见图 6.2),它将驱动用的舵机都设置在底部,这种设计可以将整个机械臂的重心控制在底部，在机械臂抓取物体的时候有利于保持稳定，这也是桌面级机械臂的一种经典结构。

图 6.2 三轴机械臂舵机与转轴关系示意图

这种机械臂有 3 个驱动用的舵机，其中底端的舵机 1 用来控制机械臂整体在平面内的转动；舵机 2 控制后臂绕底部关节的上下运动，舵机转角等同于图 6.3 中的 α 角，最大旋转角度为 180°，90° 对应后臂垂直于桌面；舵机 3 控制前臂绕中间关节的上下运动，舵机转角等同于图 6.3 中的 β 角，最大旋转角度为 180°，90° 对应前臂平行于桌面。

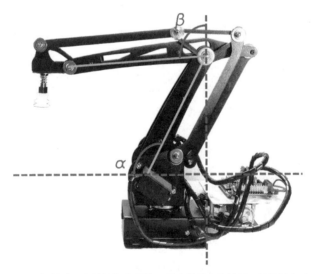

图 6.3 机械臂两个转轴与水平线、垂直线的夹角等同于舵机的角度

说明

如图 6.4 所示，我们在表述机械臂方位的时候都以机械臂后方为主视角说明。从机械臂的上方俯视，舵机 1 的工作范围约 270°。

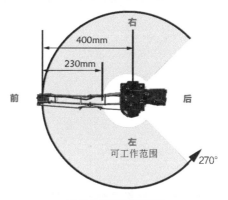

图 6.4 机械臂俯视图

试一试

随意地活动机械臂，观察它的机械结构和运动规律。

你会发现，不管怎么活动机械臂，它头部的吸盘永远垂直于桌面。想一下这是为什么？

扩展阅读

我们使用的这种机械臂头部永远垂直于桌面，是由它的机械结构设计（见图 6.5）决定的。我们一起用几何知识来证明一下这一点吧！

图 6.5 机械臂的机械结构

我们从左侧来看图 6.5 所示这个机械臂。A 和 B 是固定在底座上的点，其他点都是随机械臂运动而移动的点。

通过观察可知，AC 长度等于 BD 长度，CD 长度等于 AB 长度，因此 ACDB 是一个平行四边形。HC 长度等于 IG 长度，IH 长度等于 GC 长度，因此，HCGI 也构成一个平行四边形。H、D、C 三点两两通过连杆固定连接，构成一个稳定的三角形。

A 和 B 是底部的固定点，直线 AB 与水平线的夹角固定。

因为 ACDB 是一个平行四边形，所以 CD 平行于 AB，CD 与水平线的夹角固定。

因为 CDH 是一个稳定的三角形，所以角 HCD 是一个固定角，HC 与水平线的夹角固定。

因为 HCGI 是一个平行四边形，所以 IG 平行于 HC，IG 与水平线夹角固定。

这样，我们可以在机械臂末端设计一个三角形结构，使气泵所在的 JG 永远平行于桌面。

6.2 程序控制机械臂的运动

6.2.1 认识舵机

出于角度控制的需要，机械臂旋转轴的旋转电机通常采用步进电机或伺服电机。在小型桌面机械臂上，我们把舵机（小型伺服电机，见图 6.6）作为旋转电机使用。

过去在航模制作中，爱好者们常用这种小型伺服电机来控制船的舵等结构，以操控船的方向，因此它们得到了"舵机"这个名字。舵机的作用类似于人类的关节，可以精准地控制转动角度，因此舵机在机器人领域广泛应用，比如人形机器人的关节和工业机器人的轴都大量使用舵机。

图 6.6 各式各样的舵机

舵机可以根据控制方式的不同分为模拟舵机（Analog Servo）和数字舵机（Digital Servo）两种。我们在机械臂上使用的舵机是数字舵机，数字舵机可以提供更高的精度和更好的固定力量，此外还有防抖动、响应速度快的优点。

扩展阅读

　　小小的舵机将多个组件都封装在了外壳中，如图 6.7 所示，其主要的组成部分包括控制电路、电机、电位器和齿轮组等。

　　控制电路接收电信号，驱动电机运动；齿轮组将电机的转动减速，增大扭矩；电位器安装在齿轮组的末端，与轴一起转动，同时测定转角的值，并将转角回传给控制电路。最终，控制电路根据电位器的反馈，控制电机转动到指定的位置。

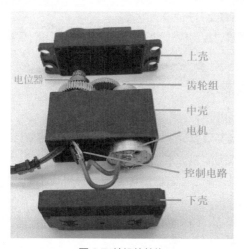

图 6.7　舵机的结构

6.2.2　舵机的线路连接

我们使用很常见的一种 16 路舵机控制板来控制舵机。

如图 6.8 所示，左侧的接线柱可以接入 5~7.2V 的直流电源，用来给控制板供电。

图 6.8　16 路舵机控制板

接线柱旁边的 USB 接口位置接入 Micro-USB 线连接计算机。

4 个可插入杜邦线公头的接口为串行通信接口（简称为串口），可以接收其他设备发来的串行通信信号。

所有的红、黄、黑色引脚可直接插入舵机的 3 色线，可以同时控制最多 24 路舵机。

我们将机械臂的 1、2、3 号舵机分别依序接至舵机控制板的 M1、M2、M3 列引脚，注意线的 3 种颜色与控制板引脚的 3 色一一对应。

机械臂末端连接了一个用于抓取物品的吸盘，其电控装置也以类似舵机的方式进行控制。其控制装置引出了两条舵机线，暂时不要连接这两条线。

连接完成并确保接线正确后，将机械臂电源线红线接至接线柱的 5V 端，黑线接至 GND 端，注意保持电源线上开关为关闭状态。

将 Micro-USB 线通过控制板的 USB 接口连接控制板和计算机。全部连接完成后打开电源开关。

6.2.3 舵机控制程序

打开舵机控制板专用程序，其界面如图 6.9 所示。

舵机控制板通电并连接计算机后，电机在线显示的位置将变为绿色。

M1 控制舵机 1 的转动。前面说过，这个舵机是一个 270° 大角度舵机，控制程序的 90° 对应机械臂平指向正前方（如图 6.10 所示机械臂状态），0° 对应右侧最大角度，180° 对应左侧最大角度。

M2 控制舵机 2 的转动，控制面板上的角度值对应 α 角的值。这是一个 180° 舵机，控制程序的 90° 对应后臂垂直于桌面。

M3 控制舵机 3 的转动，控制面板上的角度值对应 β 角的值。这是一个 180° 舵机，控制程序的 90° 对应前臂平行于桌面。

图 6.9 舵机控制板专用程序界面

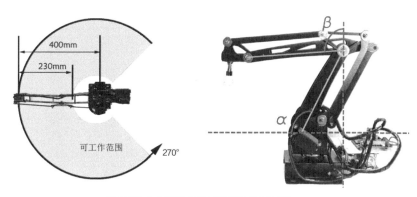

图 6.10 3 个舵机与机械臂转动关系回顾

试一试

尝试小幅度滑动 M1~M3 三路舵机的角度值，观察机械臂 3 个轴的运动状态。

使用舵机控制程序控制机械臂在桌面运动。

6.2.4 机械臂头部的执行装置——电控吸盘

机械臂末端安装了一个用于抓取物品的吸盘。其抓取装置由电机式气泵、电子阀门和吸盘共同组成，这些部件之间用软管连接。

在使用时，当吸盘与物体接触后，我们令气泵通电，它将通过上方的吸气口按图 6.11 中所示方向抽取吸盘和物体间的气体。抽气后，吸盘将夹紧物体，即使断电也可以在一定时间内保持夹紧。注意在路径中存在一个电子阀门。断电时电子阀门的 1 号位置与 2 号位置连通，3 号位置不通，使得抽气可以顺利进行。电子阀门通电后，1 号与 3 号位置连通，2 号位置不通。此时 3 号外部的空气将通过 1 号口充入吸盘与物体间的空间，使吸盘与物体分离，如图 6.12 所示。

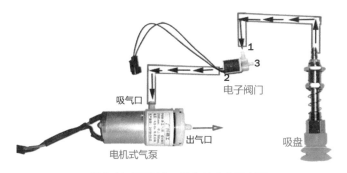

图 6.11 气泵抽气时的气流方向示意图

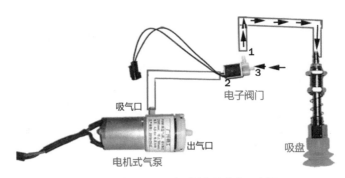

图 6.12 电子阀门通电时的气流方向示意图

要用程序控制气泵和电子阀门，先要将它连接至舵机控制板。

先将机械臂电源开关关闭，再将气泵的舵机线连接至舵机控制板的 M4 引脚，电子阀门则接至 M5 引脚。

气泵与电子阀门均使用舵机式控制，即 0° 对应断电，180° 对应完全通电。

程序开始时，M4、M5 两路都应该设置为 0° （断电），如图 6.13 所示。

图 6.13 程序开始时 M4、M5 两路的设定

将一个待抓取的物体放置在吸盘下方，然后将 M4 由 0° 调整到 180° ，气泵会抽气，使吸盘吸紧物体。

保持吸紧状态后，先将 M4 设置到 0° ，再将 M5 设置为 180° ，物体将在电子阀门作用下与吸盘分离。注意分离后立刻将 M5 还原至 0° ，以免损坏电子阀门。

抓取的工作流程总结

◆ 首先调整 M1、M2、M3 的角度，将机械臂吸盘对准待抓取物体。

◆ 然后打开气泵（将 M4 设为 180° ）。

◆ 调整 M1、M2、M3 的角度，将机械臂吸盘移动到其他位置。

◆ 需要放下物体时，务必先断开气泵（将 M4 设为 0° ），然后打开电子阀门（将 M5 设为 180° ）。

◆ 注意电子阀门不能长时间打开，务必在打开后短时间（例如 2 秒）内关闭。

试一试

■ 让吸盘吸取不同的物体，看看什么物体比较适合吸取。

■ 抓紧后试试将 M4 调整回 0° ，观察吸取的状态变化。

■ 尝试按照此流程抓取一个物体并把它放置到另一个位置。

6.2.5 用示教方式完成物料分拣

在机器人发展历程的介绍中我们曾讲过，最开始的机器人由于只能按照事先设定的步骤来运动而被称为"示教型机器人"。

在让机械臂执行智能化自动任务之前，我们先以示教型控制的方式让机械臂完成一个人为设定好的抓取物体的任务。

在示教型任务中，我们将用到舵机控制板系统右侧的动作组功能，如图 6.14 所示。

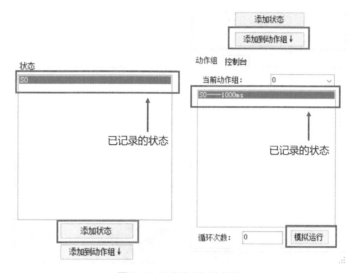

图 6.14 设定状态与动作组

先保持 M4 与 M5 的位置为 0°，将 M1~M3 3 个舵机调整到一定位置，单击右侧状态框下方的"添加状态"即可将当前位置状态记录下来。

尝试添加一个状态，然后随意改变 3 个舵机的状态，再双击右侧已添加的状态名，让机械臂回到设定的状态。

添加了状态后再单击"添加到动作组"，可将状态添加到下方的动作组对话框。

在动作组对话框中可以双击状态来修改动作的持续时间。

单击"模拟运行"即可将已记录的动作依序复现。

试一试

　　使用舵机控制程序设定动作组，令机械臂将桌面上指定物体抓取到指定区域。

小贴士

将动作组编号设为 0 组，完成后通过控制程序上方的"下载"按钮下载至控制板上，如图 6.15 所示。

将控制板与计算机的连接断开后，按控制板右侧的功能开关键，可以让机械臂复现已下载的动作组，如图 6.16 所示。

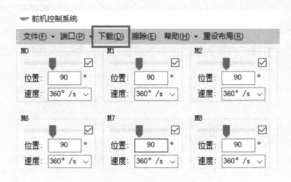

图 6.15 下载舵机控制程序

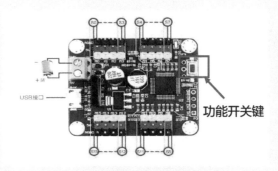

图 6.16 控制板功能开关键的位置

6.3 用树莓派控制机械臂

6.3.1 硬件连接

此前我们已经学习了如何使用计算机通过舵机控制板控制机械臂的运动。现在，为了使用树莓派调用摄像头执行智能任务，我们需要先了解树莓派控制机械臂的方法。

机械臂的舵机控制板可以接收串行通信信号，我们可以通过树莓派发送串行通信信号来控制它。

所谓的串行通信通常指的是名为 UART (Universal Asynchronous Receiver/
Transmitter) 的通信协议，设备间按照这一协议可以传输字符信息。

图 6.17 所示的串行通信接口可以接线接收串行通信信息。进行串行通信的设备上通常
有 RX（receive）和 TX（transport）两种接口。RX 表示信号接收接口，TX 表示信号发
送接口。

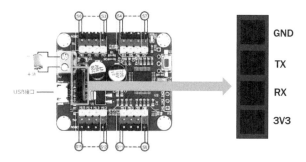

图 6.17 舵机控制板的串行通信接口

树莓派 GPIO 引脚的 8 号（TXD）和 10 号（RXD）是预留用于串口通信的引脚。
如图 6.18 所示连接树莓派和舵机控制板。

注意事项

连接前，请断开树莓派和机械臂的电源开关；连接完成后，先将树莓派开机，需
测试程序时再打开机械臂电源开关。

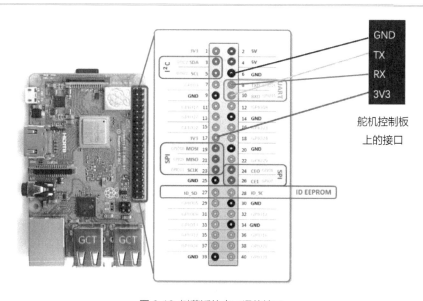

图 6.18 树莓派的串口通信接口

6.3.2 程序编写

连接完成后，硬件上的控制准备就完成了。我们接下来要编写一段程序，让树莓派控制机械臂转动。

打开 Geany 编辑器，输入下面的程序，并保存文件。

然后打开机械臂电源，在树莓派上运行此程序即可控制机械臂运转。

```
import serial
import time
from roboticarm import get_message
ser = serial.Serial("/dev/ttyAMA0", 9600)
ser.write(get_message(1, 1500, 4))
time.sleep(2)
ser.close()
```

下面对程序中每行代码进行说明。

```
import serial
```

导入调用串口的 Python 第三方包 serial。

```
import time
```

导入 python 中与时间相关的扩展包。

```
from roboticarm import get_message
```

我们需要知道应该发送什么信息给舵机控制板才能按照预想的方式控制机械臂，但是舵机控制板可以识别的信息往往有特殊的形式。调用第三方包 roboticarm 中预置的 get_message 函数可以帮助我们转换需要发送的信息。

```
ser = serial.Serial("/dev/ttyAMA0", 9600)
```

使用 serial.Serial（串口位置，串口通信波特率）可以初始化树莓派的串口通信。

在预先配置好的树莓派中，其硬件串口通信的串口位置是"/dev/ttyAMA0"。

舵机控制板默认的通信波特率是 9600 波特，填入 9600 即可。

初始化完成后，我们将它存为 ser。

```
ser.write(get_message(1, 1500, 4))
```

通过 ser.write（通信信息）的方式可以向外发送串口信息。

在 get_message 函数中，我们需要填入 3 个信息：get_message（控制板编号，PWM 值，速度）。

控制板编号是指舵机控制板上 M0~M23 的编号值，例如 M1 的编号是 1。

PWM 值表示舵机的转角，500~2500 对应 0°~180°，例如 500 对应 0°，1500 对应 90°，2500 对应 180°。

速度是指舵机从当前角度运动到新角度的快慢。0~40 对应 0~360° /s，速度为 1 表示每秒转动 9°；最大值为 40，即每秒转动 360°。

这行代码的意思是，让 M1 接口连接的舵机以 36° /s 每秒的速度运动到 90° 的位置。

```
time.sleep(2) # 等待舵机执行完成
```

由于舵机运动需要一定时间，因此在每次发送串口信息后需用 time.sleep（ ） 等待舵机运动结束再继续运行后面的程序。

```
ser.close()
```

全部程序运行完后，用 ser.close() 关闭该串口连接。

总结一下，因为我们是用程序控制树莓派给舵机控制板发送串口通信信号，然后由舵机控制板来驱动机械臂运动的，所以在树莓派上编写的程序整体流程如下：

（1）导入必要的模块；

（2）初始化树莓派的串口通信；

（3）发送串口信息，让某个舵机以一定速度转动一定角度；

（4）关闭该串口连接。

试一试

请同学们使用 Python 程序通过树莓派控制机械臂 M1~M3 舵机的运动。

改变发送的串口信息参数，看看有什么效果。

6.4 用摄像头找到木块位置

我们曾学习过使用树莓派摄像头识别不同颜色的物体。结合这一功能，我们希望制作一台自动分拣的机械臂：机器人自主寻找桌面上指定颜色的木块，并将它抓取起来放到特定的位置。

我们可以把这个任务分解为这样几个步骤：

（1）摄像头获取图像；

（2）进行图像分析，得到待抓取木块的位置；

（3）控制机械臂吸盘到达目标位置的正上方；

（4）控制机械臂抓取木块；

（5）控制机械臂移动到特定位置，放下木块。

6.4.1 安装摄像头

要让机械臂能"看到"木块，就必须给它安装一个摄像头。

这个摄像头可以安装在机械臂之外的一个固定支架上，也可以安装在机械臂前端。为了保证机械臂吸盘和摄像头的相对位置固定，我们在这里采取第二种安装方式，如图 6.19 所示。

图 6.19 已安装摄像头的机械臂

我们需要用两块转接板安装摄像头。

（1）将摄像头用 4 组 M2 尼龙螺丝螺母固定到转接板 1 的背面。

（2）将转接板 1 与 2 分别放置在机械臂前端的上方和下方，用 4 组 M3 螺丝、螺母固定，如图 6.20 所示。

图 6.20 机械臂前端摄像头安装示意图

安装完成后，使用 50cm 长的摄像头 FFC 连接线将摄像头与树莓派连接起来。注意使线穿越机械臂的前臂、后臂，以免影响机械臂的运动。

连接完成后，先使用此前连接测试摄像头的程序调用 OpenCV 检查摄像头是否能正确获取图像，程序如下所示：

```
import cv2
cap = cv2.VideoCapture(0)
while cap.isOpened():
    (ret, frame) = cap.read()
```

```
cv2.imshow('test', frame)
cv2.waitKey(5)
```

运行程序后，我们将在弹出的窗口中看到其拍摄到的实时画面。如果未能看到画面，请检查摄像头的连接状态。

6.4.2 调用摄像头的图像并识别木块位置

首先，为方便分析，我们将机械臂的初始位置定在轴 1 置中，轴 2、轴 3 均为 90°的状态，如图 6.21 所示。

图 6.21 置中状态的机械臂

机械臂初始位置 3 个舵机均需要置中，PWM 信号值均为 1500，程序如下所示：

```
import serial
import time
from roboticarm import get_message
ser = serial.Serial("/dev/ttyAMA0", 9600)
ser.write(get_message(1, 1500, 4))
ser.write(get_message(2, 1500, 4))
ser.write(get_message(3, 1500, 4))
time.sleep(2)
ser.close()
```

仿照此前学过的识别颜色的程序，假定目标颜色为黄色，下面的程序可以找到摄像头区域中半径大于 50 像素的最大黄色块的中心坐标。

```
# 导入 OpenCV
import cv2
# 开始读取摄像头信号
cap = cv2.VideoCapture(0)
# 当读取到信号时
while cap.isOpened():
    # 读取每一帧视频图像为 frame
    (ret, frame) = cap.read()
```

```
# 将颜色空间转换为HSV
hsv = cv2.cvtColor(frame, cv2.COLOR_BGR2HSV)
# 指定目标颜色的下限
yellow_lower = (26, 43, 46)
# 指定目标颜色的上限
yellow_upper = (34, 255, 255)
# 使用目标范围分割图像并二值化
mask = cv2.inRange(hsv, yellow_lower, yellow_upper)
# 寻找其中的所有外轮廓
(mask, cnts, hierarchy) = cv2.findContours(mask, cv2.RETR_EXTERNAL,
cv2.CHAIN_APPROX_SIMPLE)
# 如果至少找到一个轮廓
if len(cnts) > 0:
    # 找出其中面积最大的轮廓
    c = max(cnts, key=cv2.contourArea)
    # 分析轮廓的中心位置和大小
    ((x, y), radius) = cv2.minEnclosingCircle(c)
    # 如果半径大于50
    if radius > 50:
        print(" 中心坐标 ", (x, y))
```

试一试

　　请同学们选一种颜色的物体，将它放置在机械臂摄像头下方，用颜色识别程序输出物体在摄像头中的坐标。

6.5　使吸盘位于物体正上方

6.5.1　当物体位于吸盘正下方时，它的坐标是多少

　　我们知道，机械臂可以根据指定物体的实时坐标不断调整位置，直到物体位于吸盘的正下方。因此，我们需要先了解当物体位于吸盘正下方时的坐标情况。

　　我们将一个物体（这里还用木块示范，你可以选用其他物体）摆放在吸盘的正下方，观察它在图像中的大致位置，如图 6.22 所示。

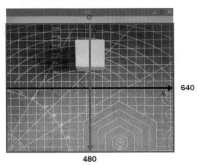

图 6.22　树莓派摄像头拍摄的影像

可以看出，当物体位于吸盘正下方时，在摄像头图像中，它位于左右方向的中点上，并且根据树莓派摄像头的图像坐标系可知，此时物体中心的 x 坐标应为 320。

物体在上下方向的位置并不在中点，而是在中点上方一定距离，这是因为摄像头与吸盘的位置并不重叠。那么此时物体中心的 y 坐标是多少呢？它和图像中心的纵向距离是否就是摄像头与吸盘的距离呢？

我们可以保持物体处于吸盘的正下方，调整吸盘的高度，观察物体在图像中的位置变化，如图 6.23 所示。

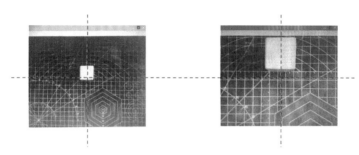

图 6.23 改变高度，图像中物体的位置将发生变化

可以观察到：

◆ 无论高度如何变化，物体都处于图像左右的中轴线上；

◆ 摄像头高度越低，物体在图像中占据的面积就越大；

◆ 摄像头高度越低，其中心在图像中的位置就离中轴线越远。

因此，如果可以让机械臂在调整位置时前端维持在同一高度，那么当物体位于吸盘正下方时，它在图像中的 y 坐标就是可以确定的。

我们以机械臂初始位置（即轴 1 置中，轴 2、轴 3 均为 90°的状态）的高度值为准。此后的调整均保持此高度不变。在此状态下，物体的坐标为（320, 150）。请注意，不同系统会有差别，以实际情况为准。

现在我们已经知道了吸盘位于物体正上方时物体的坐标。那么当摄像头识别到指定物体的坐标后，应该调整机械臂的位置，使物体坐标接近（320, 150）。机械臂的调整可以分为两步：

（1）控制 1 号舵机左右运动，使物体处于图像左右方向的正中间（x 坐标等于 320）；

（2）控制 2 号、3 号舵机，使机械臂末端在同一高度前后运动，使物体 y 坐标等于 150。

6.5.2 控制 1 号舵机左右运动，使物体 x 坐标为 320

现在，我们需要先调整 1 号舵机的角度，使得物体的 x 坐标为 320。

我们已经知道，当 1 号舵机角度减小时，机械臂向右运动；舵机角度增加，机械臂向左运动。

因为摄像机镜头是倒置的，所以当探测到的物体 x 坐标大于 320 时，说明其位于吸盘左侧，机械臂需要向左转动；当 x 坐标小于 320 时，机械臂需要向右转动。

首先，我们声明一个变量，表示轴 1 舵机的 PWM 值，其初始值为 1500。然后在识别到物体坐标后，调整机械臂的运动，程序如下所示。

```
pwm1 = 1500
if x > 320:
    pwm1 += 1
else:
    pwm1 -= 1
ser.write(get_message(1, pwm1, 4))
```

这样，结合前面的图像识别和机械臂控制的程序，我们就得到了一个能够控制 1 号舵机左右运动，使物体 x 坐标接近 320 的一个完整程序：

```
import serial # 导入调用串口的 Python 第三方包 serial
import cv2 # 导入 OpenCV 包
import time # 导入 time 包
from roboticarm import get_message # 导入控制机械臂所必须的 get_message 函数

# 声明一个变量，表示轴 1 舵机的 PWM 值
pwm1 = 1500
ser = serial.Serial("/dev/ttyAMA0", 9600) # 初始化树莓派的通信串口
# 机械臂位置初始化
ser.write(get_message(1, 1500, 4))
ser.write(get_message(2, 1500, 4))
ser.write(get_message(3, 1500, 4))
time.sleep(2) # 等待舵机执行完成
# 识别黄色物体的坐标
cap = cv2.VideoCapture(0)
while cap.isOpened():
    (ret, frame) = cap.read()
    hsv = cv2.cvtColor(frame, cv2.COLOR_BGR2HSV)
    yellow_lower = (26, 43, 46)
    yellow_upper = (34, 255, 255)
    mask = cv2.inRange(hsv, yellow_lower, yellow_upper)
    (mask, cnts, hierarchy) = cv2.findContours(mask, cv2.RETR_EXTERNAL,
cv2.CHAIN_APPROX_SIMPLE)
    if len(cnts) > 0:
        c = max(cnts, key=cv2.contourArea)
        ((x, y), radius) = cv2.minEnclosingCircle(c)
        if radius > 50:
            print("center: ", (x, y))
            # 根据坐标控制机械臂运动
            if x > 320:
                pwm1 += 1
            else:
```

```
        pwm1 -= 1
    ser.write(get_message(1, pwm1, 4))
```

试一试

请尝试仿写这段程序，根据图像中物体的位置控制 M1 舵机运动。

运行这段程序，观察运行效果。我们发现这段程序可能导致 3 个明显的问题：

（1）程序开始运行后一段时间内运动异常（如物体在左边，却向右运动）；

（2）调整速度太慢；

（3）在目标位置附近来回摆动，不会停止。

造成第一个问题的原因是摄像头开始使用后，前面一些帧的图像不够稳定，我们可以屏蔽掉前 60 帧图像，程序如下所示。

```
......
count = 0 # 计数
while cap.isOpened():
    (ret, frame) = cap.read()
    if count <= 60: # 计数小于等于 60 时
        count += 1 # count 自增 1
        continue # 跳过后面的语句，继续循环
......
```

这里使用了一个变量 count 进行计数。+= 被称为自增运算符，count += 1 实际上等同于 count = count + 1，即每次循环 count 的值增加 1。同理还有自减（-=）、自乘（*=）、自除（/=）等运算符。

关键词 continue 与 break 有相似之处。在 while 或 for 语句的循环中，break 表示直接跳出循环，而 continue 表示跳过本次循环后面的语句，直接继续下一次循环。

第二个问题是调整速度太慢，这可以通过增加每次 pwm1 的自增值、自减值来改善，程序如下所示：

```
if x > 320:
    pwm1 += 5
else:
    pwm1 -= 5
```

造成第三个问题的原因在于停止的条件过于苛刻，我们应该在 320 附近设定一个目标区域，使得物体位于这个区域内即停止，程序如下所示。

```
if x > 330:
    pwm1 += 5
elif x < 310:
    pwm1 -= 5
```

试一试

1．完善程序，使物体在摄像头中的 x 坐标接近 320。

2．试着修改程序，使物体离目标位置越远时机械臂运动越快，反之越慢。

6.5.3 控制机械臂等高运动，使物体 y 坐标为 150

让我们首先来思考一下，2 号与 3 号舵机应该怎样运动才能使机械臂前端维持在同一高度？

如图 6.24 所示，对于 3 号舵机控制的 β 角而言，其角度越小，机械臂就越高；其角度越大，机械臂就越低；对 2 号舵机控制的 α 角而言，其角度为 90° 时机械臂最高；其角度与 90° 差别越大，机械臂越低。因此，为了维持机械臂等高运动，必须同时调整两个舵机角度的变化。

要编程控制机械臂在头部高度不变的情况下运动是一件比较复杂的事情。但在此前导入过的 roboticarm 的 Python 包中，有一个预置函数 get_angle 可以在设定机械臂前端的高度与到底端的水平距离的情况下，返回两个舵机对应的 PWM 值。用这个函数可以较为方便地达到预期效果。我们尝试编写并运行以下程序，它的效果是控制机械臂调整到初始位置（即轴 1 置中，轴 2、轴 3 均为 90° 的状态）。

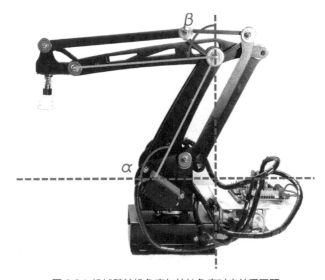

图 6.24 机械臂舵机角度与转轴角度对应关系回顾

```
import serial # 导入调用串口的 Python 第三方包 serial
import time # 导入 time 包
from roboticarm import get_message # 导入控制机械臂所必须的 get_message 函数
from roboticarm import get_angle # 导入 get_angle 函数
```

```
import numpy # 导入计算扩展包 numpy
pwm1 = 1500 # 声明一个变量，表示 1 号舵机初始状态的 PWM 值
ser = serial.Serial("/dev/ttyAMA0", 9600) # 初始化树莓派的通信串口
matrix = numpy.load("/home/pi/position.npy") # 载入机械臂运动位置文件
# 用 get_angle 函数计算初始位置下的 2、3 号舵机 PWM 值
(pwm2, pwm3) = get_angle(matrix, 1000, 1000)
# 控制舵机运动到指定角度
ser.write(get_message(1, pwm1, 4))
ser.write(get_message(2, pwm2, 4))
ser.write(get_message(3, pwm3, 4))
time.sleep(2) # 等待舵机执行完成
ser.close() # 关闭串口连接
```

get_angle 函数的格式是：get_angle(matrix, height, distance)。函数将返回一个长度为 2 的元组，元组的第一位为轴 2 舵机的 PWM 值，第二位为轴 3 舵机的 PWM 值，我们将返回值分别赋值给 pwm2、pwm3。

在使用 get_angle 函数时需要预先载入记录机械臂状态与位置关系的列表。这个列表通常可以用 Python 的计算扩展包 numpy 载入文件来获取。在树莓派系统中，我们通过这样的语句得到列表 matrix：

```
import numpy
matrix = numpy.load("/home/pi/position.npy") # 载入机械臂运动位置文件
```

而 height 为前端点与底端轴的相对高度，distance 为相对水平距离（见图 6.25）。在 2 号和 3 号舵机均为 90°的初始状态下，get_angle 函数中 height 与 distance 的值均为 1000。注意，这两个值均为整数，最大范围为 0~2000 之间。当超出此范围时，函数将返回 (−1, −1)。

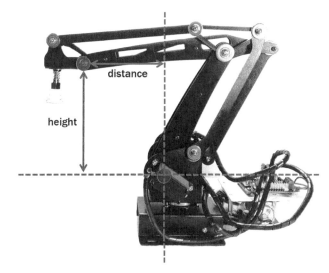

图 6.25 参数 height 与 distance 代表的意义

现在我们需要使机械臂在 1000 的高度上前后运动来使物体中心 y 坐标位于 150 左右。如果测得的 y 坐标太小，应向前（增大 distance）；反之应向后（减小 distance）。仿照此前左右调整的方法，完成以下程序：

```
distance = 1000
height = 1000
if y > 160:
    distance += 5
elif y < 140:
    distance -= 5
(pwm2, pwm3) = get_angle(matrix, height, distance)
ser.write(get_message(2, pwm2, 9))
ser.write(get_message(3, pwm3, 9))
```

扩展阅读

　　get_angle 函数可以在设定机械臂前端的高度与到底端的水平距离的情况下，方便地返回两个舵机对应的 PWM 值。你知道它是怎么完成换算的么？其实学过三角函数的话，你也可以自己进行这个换算哦！

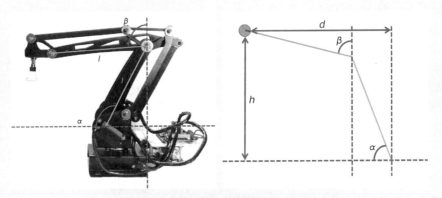

图 6.26 舵机角度分解图

　　如图 6.26 左图所示，2 号舵机的角度就是机械臂后臂与水平方向间的 α 角，而 3 号舵机的角度就是机械臂前臂与垂直方向间的 β 角。

　　在底部三轴式机械臂的结构设计中，前臂、后臂的长度被设计为相同的。我们将臂长设为 l。

　　为了方便计算，我们稍微调整一下臂的方向，如图 6.26 右图所示。将 distance 设为 d，height 设为 h。我们可以得到：

$l \cdot \cos \alpha + l \cdot \sin \beta = d$

$l \cdot \sin \alpha + l \cdot \cos \beta = h$

　　由于 l 是臂长，是一个确定的量，可以将 l 除到右边：

$$\cos a + \sin\beta = \frac{d}{l}$$
$$\sin a + \cos\beta = \frac{h}{l}$$

d 和 h 是代表机械臂前端位置的两个量，是已知条件，为方便起见，我们把两个比值记为 x 和 y，得到：

$$\cos a + \sin\beta = x$$
$$\sin a + \cos\beta = y$$

x 和 y 是已知条件，而 a 与 β 角的取值范围为 0~180°，由上面的方程组即可求得 a 与 β 的值。

至此，我们已经可以写出控制机械臂运动，使吸盘位于物体正上方的完整程序了。其中一些参数要根据实际情况调整，具体调参请自行尝试。

```
import serial
import cv2
import time
import numpy
from roboticarm import get_message
from roboticarm import get_angle

# 获取摄像头视频数据并初始化串口
cap = cv2.VideoCapture(0)
ser = serial.Serial("/dev/ttyAMA0", 9600)
# 载入位置文件并设定相关变量
matrix = numpy.load("/home/pi/position.npy")
pwm1 = 1500
distance = 1000
height = 1000
count = 0
# 使用 get_angle 函数将位置坐标转换为 2 号、3 号舵机的 PWM 值
(pwm2, pwm3)=get_angle(matrix, height, distance)
# 机械臂位置初始化
ser.write(get_message(1, pwm1, 4))
ser.write(get_message(2, pwm2, 4))
ser.write(get_message(3, pwm3, 4))
time.sleep(2)

while cap.isOpened():
    (ret, frame) = cap.read()
    # 跳过前 60 帧
    if count <= 60:
        count += 1
        continue
    # 识别黄色物体坐标
    hsv = cv2.cvtColor(frame, cv2.COLOR_BGR2HSV)
    yellow_lower = (26, 43, 46)
```

```
    yellow_upper = (34, 255, 255)
    mask = cv2.inRange(hsv, yellow_lower, yellow_upper)
    (mask, cnts, hierarchy) = cv2.findContours(mask, cv2.RETR_EXTERNAL,
cv2.CHAIN_APPROX_SIMPLE)
    if len(cnts) > 0:
        c = max(cnts, key=cv2.contourArea)
        ((x, y), radius) = cv2.minEnclosingCircle(c)
        if radius > 50:
            print("center: ", (x, y))
            # 根据坐标控制机械臂运动
            if x > 330:
                pwm1 += 5
            elif x < 310:
                pwm1 -= 5
            if y > 160:
                distance += 5
            elif y < 140:
                distance -= 5
            (pwm2, pwm3) = get_angle(matrix, height, distance)
            ser.write(get_message(1, pwm1, 3))
            ser.write(get_message(2, pwm2, 3))
            ser.write(get_message(3, pwm3, 3))
ser.close()  # 关闭串口连接
```

> **试一试**
>
> 仿写上面的程序，使你的机械臂能根据下方物体的位置自动调整至物体上方。

6.6　抓取和放置物体

我们在之前的活动里已经让机械臂前端的吸盘到达了物体的正上方，但是在吸取物体之前，我们还应该让吸盘竖直向下运动到物体表面。我们可以用一个循环程序来完成此过程，此时应该保持 distance 不变，而将 height 减小，程序如下所示。

```
for height in range(1000, 79, -10):
    (pwm2, pwm3) = get_angle(matrix, height, distance)
    ser.write(get_message(2, pwm2, 9))
    ser.write(get_message(3, pwm3, 9))
    time.sleep(0.01)
```

回顾一下，for 循环可以将一个参数在一个数值范围内进行遍历，其格式为：

```
for 参数 in range(范围起点，范围终点，步长)
```

参数将从起点值开始，每次循环递增步长的值（步长为负值时实际为递减），直到终点值为止（但终点值本身不参与循环）。

注意，这里的 79 仅为参考值，请以吸盘可以贴紧物体为目标调整这个取值。

以 10 为步长递减是为了稍微加快这里的运转速度，步长越长则运转越快，但路线也越不直；步长越短则运转越慢，但路线越直。

接下来，应让机械臂按照"吸紧物体→提起物体→移动到目标区域→松开物体"的流程进行工作。

将气泵所连的 4 号引脚的 PWM 输出值设为 2500 为打开气泵，设为 500 为关闭气泵，同样，将电子阀门所连的 5 号引脚的 PWM 输出值设为 2500 为打开气泵，设为 500 为关闭气泵。调整到位后，打开电子阀门来松开物体。注意电子阀门不要长时间打开，打开一段时间后务必关闭。

```
……
ser.write(get_message(4, 2500, 9)) # 打开气泵
time.sleep(3) # 吸住 3 秒
for height in range(80, 1000, 10): # 竖直提起到 1000 高度
    (pwm2, pwm3) = get_angle(matrix, height, distance)
    ser.write(get_message(2, pwm2, 9))
    ser.write(get_message(3, pwm3, 9))
    time.sleep(0.01)
ser.write(get_message(4, 500, 9)) # 关闭气泵
# 将 2、3 号舵机还原到初始位置
ser.write(get_message(2, 1500, 4))
ser.write(get_message(3, 1500, 4))
time.sleep(1)
# 旋转轴 1 转至目标区域上方
ser.write(get_message(1, 2100, 4))
time.sleep(1)
ser.write(get_message(5, 2500, 9)) # 打开电子阀门
time.sleep(2) # 等待 2 秒
ser.write(get_message(5, 500, 9)) # 关闭电子阀门
ser.close() # 关闭串口连接
```

试一试

在机械臂调整到物体上方后，跳出循环并加入抓取与放置物体的程序，完成可抓取特定颜色物体到指定位置的机械臂。

6.7 扩展任务

到此位置，我们结合树莓派摄像头的颜色识别完成了一次机械臂的自动抓取，其整体流程如图 6.27 所示。

图 6.27 机械臂自动抓取流程图

完成整个项目主要有以下两个要点。

（1）将摄像头与机械臂前端进行固定，便于通过摄像头中目标物体的位置判断机械臂的控制方式。

（2）将机械臂的控制过程分为左右和前后两步，其中第二步使用等高移动，以保证可以准确使吸盘移动到目标物体的正上方。

但是，运行过程中仍然可能发现一些明显的问题。

（1）初始状态下摄像头能拍到的区域较小，只能在这个小区域内摆放物体。

（2）程序只能运行一次识别和抓取的过程，不能对多个物体进行分拣。

（3）机械臂识别到物体后需要逐渐校准到物体上方，过程比较慢。

请有兴趣的同学按照下面两个扩展任务自行探索。

（1）如果摄像头捕捉的区域内存在多个相同的待抓取物体，尝试改写程序让机械臂将它们都抓取到目标框中。

（2）试改写程序让机械臂在更大范围内"扫描"物体，而不局限于初始状态下的桌面区域。

另外，你可能见过春晚上的写毛笔字机器人。其实我们的机械臂也可以写字、画画哦！有兴趣的同学可以试一下，利用机械臂等高运动的特性，在机械臂末端加装一支笔，让机械臂在纸上写字、画画。

本章要点回顾

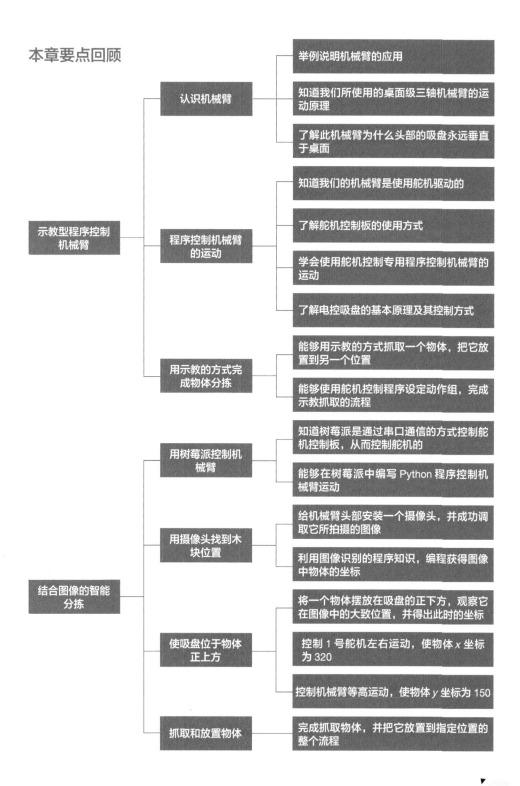

认识机械臂
- 举例说明机械臂的应用
- 知道我们所使用的桌面级三轴机械臂的运动原理
- 了解此机械臂为什么头部的吸盘永远垂直于桌面

示教型程序控制机械臂

程序控制机械臂的运动
- 知道我们的机械臂是使用舵机驱动的
- 了解舵机控制板的使用方式
- 学会使用舵机控制专用程序控制机械臂的运动
- 了解电控吸盘的基本原理及其控制方式

用示教的方式完成物体分拣
- 能够用示教的方式抓取一个物体，把它放置到另一个位置
- 能够使用舵机控制程序设定动作组，完成示教抓取的流程

用树莓派控制机械臂
- 知道树莓派是通过串口通信的方式控制舵机控制板，从而控制舵机的
- 能够在树莓派中编写 Python 程序控制机械臂运动

用摄像头找到木块位置
- 给机械臂头部安装一个摄像头，并成功调取它所拍摄的图像
- 利用图像识别的程序知识，编程获得图像中物体的坐标

结合图像的智能分拣

使吸盘位于物体正上方
- 将一个物体摆放在吸盘的正下方，观察它在图像中的大致位置，并得出此时的坐标
- 控制 1 号舵机左右运动，使物体 x 坐标为 320
- 控制机械臂等高运动，使物体 y 坐标为 150

抓取和放置物体
- 完成抓取物体，并把它放置到指定位置的整个流程

第 7 章　制作人脸追踪机器人

7.1 人脸识别知多少

我们人类似乎天生就具备一种技能：一张人脸只要看过几次，再次见到时就能轻松认出来。这种快速区分不同同类个体长相的能力可以说是一种生物本能。研究表明，出生 1~3 天的新生儿就表现出了人脸识别的能力。

自 20 世纪 60 年代开始，研究者开始使用超级计算机研究如何用机器识别人脸。这项研究很快就获得了有效的成果。

随着算法的进一步发展，到 21 世纪初，人工智能系统可以相对轻量、快速地识别人脸，进而推动了这项技术在社会上的实际应用。其早期的典型应用是在智能相机中，利用人脸检测实现人像模式辅助自动对焦，而近年来随着特定人脸识别精度与识别速度的提升，面部解锁成为了智能手机的一种新的解锁方式。

在公共安全领域，人脸识别目前被大范围应用于学校、公司等半公共区域的门禁系统。

我们人类要识别一张人脸，首先要从眼前的视觉图像中找到人脸，然后分析脸上的特征（如眼睛、鼻子、嘴巴的形状等），最后与大脑中已知的人脸特征进行比较，最终锁定面前的这个人是谁（见图 7.1）。

图 7.1 人类识别人脸的过程

这个过程归根结底是一种生物本能，我们几乎很难意识到识别过程中的每一个步骤的存在。但要让人工智能模仿人类对人脸进行识别，必须借助机器视觉技术对每一步进行模拟。与人类相似，人工智能也需要在图像信息中找到人脸的位置，再分析出其中的特征，最终与数据库中存储的已知人脸特征进行比较，确定这个人是谁（见图 7.2）。

图 7.2 人工智能识别人脸的过程

在前面的课程中我们曾学习过，人工智能可以依靠电子感光单元存储光线信息，以电子感光单元为核心的动态图像采集系统便是摄像头。在本例中，我们仍然使用树莓派摄像头承担图像采集的功能。

在采集到图像后，人脸识别的下一步流程便是检测出图像中的人脸位置。其通常的分析过程是利用图像的某一种或多种数学特征区分出图像中的人脸区域，从而获得人脸在图像中的位置和大小。进行人脸检测的方法有很多，常见的方法有肤色检测、直方图（HOG）检测、哈尔（HAAR）特征检测等。

但是要区分特定的人脸，这些方法还不够。

我们的大脑事实上用到了一些难以主观描述的方式完成了识别过程。大脑的识别能力是与生俱来的，并会随着人的成长逐渐变强。实际上，人工智能系统同样可以通过对既有事实的分析和学习掌握新的技能，这被称为机器学习。在人脸识别的例子中，机器学习是一种有效的方法。

7.2 使用肤色检测找到人脸

在检测人脸的多种方法中，最直接、简单的方法是通过肤色识别确定人脸的位置，这种方法被称为肤色检测。在此前的课程中，我们学习了使用 OpenCV 工具从摄像头图像中识别出特定颜色的物体。虽然人脸并不是颜色均匀的物体，但我们也可以通过识别皮肤颜色来大致识别人脸的位置。

我们采用与识别色块相同的 HSV 颜色检测法进行肤色检测。其关键在于确定皮肤的 HSV 颜色区间。图 7.3 所示为常见颜色在 HSV 颜色空间中的分布区间。

颜色范围	黑色	灰色	白色	红色	橙色		绿色	青色	蓝色	紫色
H最小值	0	0	0	0或156	11	26	35	78	100	125
H最大值	180	180	180	10或180	25	34	77	99	124	155
S最小值	0	0	0	43	43	43	43	43	43	43
S最大值	255	43	30	255	255	255	255	255	255	255
V最小值	0	46	221	46	46	46	46	46	46	46
V最大值	46	220	255	255	255	255	255	255	255	255

图 7.3 常见颜色在 HSV 颜色空间中的区间

不同人种的肤色值通常有一定区别，东亚人脸的颜色大致处于红色至橙色之间，其 H（色调）值的参考范围为 0~17，S（饱和度）值的参考范围为 43~255，而 V（明亮度）值的参考范围为 46~255。

与颜色识别程序类似，我们可以设定需要识别的 HSV 颜色区间，并生成二值化黑白图像进行预览。

```
import cv2
cap = cv2.VideoCapture(0) # 开始读取摄像头信号
while cap.isOpened(): # 当读取到信号时
    (ret, frame) = cap.read() # 读取每一帧视频图像为 frame
    hsv = cv2.cvtColor(frame, cv2.COLOR_BGR2HSV) # 将颜色空间转换为 HSV
    skin_lower = (0, 43, 46) # 指定皮肤颜色的下限
    skin_upper = (17, 255, 255) # 指定皮肤颜色的上限
```

```
    mask = cv2.inRange(hsv, skin_lower, skin_upper) # 使用目标范围分割图像
并二值化
    cv2.imshow('mask', mask) # 展示二值化的图像
    cv2.waitKey(5) # 每帧等待 5 毫秒
```

理想状态下，这一程序应可以成功区分摄像头图像中的人脸与非人脸区域（见图 7.4）。如果实际效果偏差较大，可以尝试调整皮肤颜色的 H 值区间。

图 7.4 人脸图像的二值化处理

在检测到肤色区域的基础上，我们需要对其所处区域进行定位。使用下面的程序方法可以绘制出肤色区域的最小接近圆轮廓。

```
(mask, cnts, hierarchy) = cv2.findContours(mask, cv2.RETR_EXTERNAL, cv2.
CHAIN_APPROX_SIMPLE) # 寻找其中的所有外轮廓
if len(cnts) > 0: # 如果至少找到一个轮廓
    c = max(cnts, key=cv2.contourArea) # 找出其中面积最大的轮廓
    ((x, y), radius) = cv2.minEnclosingCircle(c) # 分析轮廓的中心位置和大小
    if radius > 100: # 仅当轮廓大小达到一定尺寸时
        cv2.circle(frame, (int(x), int(y)), int(radius), (0, 0, 255),
2) # 在原始图像上绘制最小接近圆
cv2.imshow('test', frame) # 展示原始图像
cv2.waitKey(5) # 每帧等待 5 毫秒
```

程序将自动找到图像中的人脸，并使用红色圆标注出来（见图 7.5）。

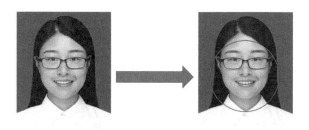

图 7.5 使用肤色识别找到图像中的人脸位置

尝试编写程序，使用肤色检测找到实时图像中的人脸，并标注出来。

如果识别不准确，请调整程序中的 H 值或改变摄像头前方的图像背景和光照强度。

尽管通过肤色检测可以在一定程度上找到图像中人脸的位置，但有一些明显的问题。

（1）不同人的皮肤颜色有较为显著的区别，过于严格的颜色范围将漏掉一些人，而过于宽松的颜色范围很容易将环境中的其他东西误认为人脸。

（2）肤色检测并不区分面部与其他位置的皮肤，使用肤色检测不单可以找到人脸，同样也可以找到手部等其他裸露的人体皮肤。

因此，肤色检测通常只用于特定场景下的人脸检测或作为其他检测手段的辅助。为了更准确地检测出图像中的人脸，我们需要使用更复杂的数学方法。

7.3 使用哈尔特征检测找到人脸

事实上，除了皮肤的颜色外，人脸还具备其他的一些图像特征。通常来说，由于有黑色的眼珠与眉毛的存在，眼睛区域的总体颜色比脸颊颜色更暗，鼻梁两侧比中央颜色更暗，而嘴巴也比周围颜色更暗。我们可以根据亮暗程度来表明这些区域的特征，为方便起见，我们可以先将彩色图片转换为黑白（灰度）图片（见图 7.6）。

图 7.6 只保留图像的亮度信息，将图像转化为黑白图像

我们以眼睛区域与脸颊区域的对比为例，可以将这两种区域分别用矩形框框出，再计算出这些区域内的平均灰度值。灰度值表示图像的亮暗程度，灰度值越大越接近白色，即原始颜色越亮。

可以明显地看出，图 7.7 中右侧的脸颊位置整体比眼窝位置更白，即平均灰度值更大。

当然，这样一个简单的灰度对比特征还不足以锁定人脸。但我们可以找到大量类似这样人脸普遍具备的特征，当某个图像区域符合大部分特征时，基本就可以确定这是一张人脸。

2001 年，Paul Viola 和 Michael Jones 在论文中首次提出了基于这个原理的人脸检测方法，并提出了一种行之有效的训练方法。

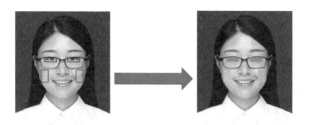

图 7.7 比较眼睛区域与脸颊区域的平均灰度

要将灰度图像目标区域划定成大量的矩形框并得到它们的关系信息，可以用名为哈尔小波变换的数学方法来计算，因此这种图像特征常被称为哈尔特征（Haar-like features），如图 7.8 所示。

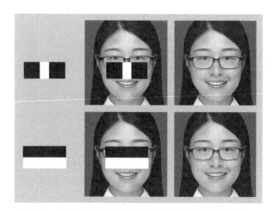

图 7.8 人脸上的不同区域符合不同类型的哈尔特征

但一个 20 像素 ×20 像素的图片的哈尔特征就能达到 10 万种以上，其中哪些特征符合人脸的特点很难通过人为设定来找出。通过一种行之有效的训练方法，我们可以将大量面部图片与非面部图片交给计算机，让其自动找到足以区分人脸与非人脸的图像特征信息。

由于这种检测方法只需要对图像的灰度空间进行分析，运算量大大低于传统用于图像检测的 RGB 颜色空间或 HSV 颜色空间，因此运算速度得到了大幅提升，首次实现了有效的实时人脸检测。21 世纪初大量相机厂商通过这一技术首次实现了人脸自动对焦。

2002—2005 年，Rainer Lienhart 将这种检测方法写入了 OpenCV 开源库的基础包中，并提交了训练得到的包括人脸在内的多种物体的特征信息。

因此，使用 OpenCV 内置的检测算法，我们便可以轻松地检测出图像中的人脸。在使用算法检测人脸之前，需要先用 cvtColor 函数将图像变换为灰度图（使用 cv2.COLOR_

BGR2GRAY 参数）。

```
import cv2
cap = cv2.VideoCapture(0) # 开始读取摄像头信号
while cap.isOpened(): # 当读到信号时
    (ret, frame) = cap.read() # 读取每一帧视频图像为 frame
    gray = cv2.cvtColor(frame, cv2.COLOR_BGR2GRAY)
    cv2.imshow('gray', gray) # 展示灰度图像
    cv2.waitKey(5) # 每帧等待 5 毫秒
```

在检测之前，我们还需要载入人脸的哈尔特征信息。由于这些信息是用于对图像中的物体进行分类的，它们通常被称为分类器。在 OpenCV 开源库中有许多针对不同对象的分类器，这些分类器被存储在格式为 XML 的文件中，使用者可以根据需要下载这些文件。

在我们的树莓派系统已经存储了用于正面人脸识别的分类器，可以通过下面的语句载入该分类器。

```
face_cascade = cv2.CascadeClassifier('/home/pi/cascade/haarcascade_
frontalface_default.xml')
```

括号中为文件在系统中的存储位置。载入分类器后，我们可以用 detectMultiScale 函数进行目标物体检测：

detectMultiScale(灰度图像 , minSize= 最小目标尺寸 , flags= 检测方式)

这里我们可以设置两个参数的取值。

minSize 参数表示目标的最小尺寸，也就是说此函数会忽略小于该尺寸的人脸。该参数为一个长度为 2 的元组，分别表示 x 方向和 y 方向的最小尺寸。

flags 设定检测方式，主要可选的取值有以下 3 种。

cv2.CASCADE_DO_CANNY_PRUNING：忽略图像中一些明显不是人脸的区域。

cv2.CASCADE_SCALE_IMAGE：对图像进行缩放的检测方法，可以提高检测速度，但准确率有所下降。

cv2.CASCADE_FIND_BIGGEST_OBJECTS：只检测最大的目标物体。

detectMultiScale 函数的返回值是由每一个目标物体位置信息构成的元组。位置信息由左上角 x 坐标、左上角 y 坐标、宽度、高度构成（见图 7.9）。

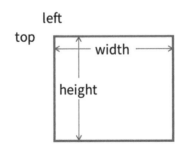

图 7.9 detectMultiScale 函数返回值示意图

```
faces = face_cascade.detectMultiScale(gray, minSize=(100, 100),
flags=cv2.CASCADE_SCALE_IMAGE)
```

使用这一语句，将找到图像中所有尺寸不小于 (100, 100) 的人脸的位置并将它们存储到变量 faces 中。faces 事实上是一个元组，使用 for 循环可以遍历元组中每一个人脸的位置信息，从而将人脸的位置标注出来。由于得到的位置信息构成一个矩形，我们使用 rectangle 函数来绘制：

cv2.rectangle(图像信息，左上角坐标，右下角坐标，框的颜色，框的粗细)

其右下角坐标可以通过左上角坐标与宽、高相加得到，框的颜色按照 BGR（蓝绿红）的方式排列。因此，我们可以写出完整的检测人脸的程序。

```
import cv2
face_cascade = cv2.CascadeClassifier('/home/pi/cascade/haarcascade_
frontalface_default.xml') # 载入人脸分类器
cap = cv2.VideoCapture(0) # 开始读取摄像头信号
while cap.isOpened():
    (ret, frame) = cap.read() # 读取每一帧视频图像为 frame
    gray = cv2.cvtColor(frame, cv2.COLOR_BGR2GRAY) # 将图像转换为灰度图
    faces = face_cascade.detectMultiScale(gray, minSize=(100, 100),
flags=cv2.CASCADE_SCALE_IMAGE) # 检测人脸的位置
    for (left, top, width, height) in faces: # 遍历找到的人脸的位置信息
        frame = cv2.rectangle(frame, (left, top), (left + width, top +
height), (0, 0, 255), 2) # 绘制矩形框
    cv2.imshow('cascade', frame) # 预览图像
    cv2.waitKey(5) # 每帧等待 5 毫秒
cap.release()
cv2.destroyAllWindows()
```

试一试

尝试编写程序使用哈尔特征检测找到实时图像中的人脸并标注出来。

如果识别不准确，请调整现场的光亮度或改变 detectMultiScale 函数的参数。

7.4　人脸追踪机器人初制

现在，通过哈尔特征检测的方法，我们已经可以较为准确地从实时视频图像中找到人脸的位置。将这一程序方法与机械运动相结合，我们便可以制作一个简单的人脸自动追踪机器人。

人脸的位置在图像中可能在 x 方向或 y 方向上运动，为了追踪人脸的移动，我们的机器人也需要能够在两个方向上转动。这个功能可以使用一个双轴云台（见图 7.10）来完成。双轴云台的底部由两个旋转方向互相垂直的舵机组成，只需要将摄像头摆正固定在云台的头部，它的两个转动方向便可以分别对图像上两个轴方向上目标的移动进行追踪。

图 7.10 双轴云台

制作机器人外观的方法有很多，在这里我们选择设计上、下两块板，并用铜柱连接起来，给树莓派搭建一个外壳，然后把双轴云台固定到树莓派上方。

首先，我们设计一块树莓派的顶部固定板，并用亚克力板或木板切割出来。将双轴云台与舵机控制板分别固定到该固定板上的对应位置。它们应分别使用 M2 与 M3 尺寸的螺丝、螺母进行固定（见图 7.11）。

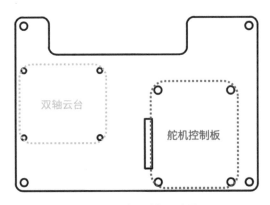

图 7.11 顶部固定板示意图

固定完成后，先将树莓派关机并断电，将摄像头连接线从树莓派上拔出，再将摄像头与其固定板一同卡入双轴云台顶部的固定位置（见图 7.12）。如果发生松动，可以使用热熔胶枪等工具将它们粘在一起。

图 7.12 双轴云台头部固定示意图

最后将摄像头连接线重新穿过顶板上预留的孔位（见图 7.13）插回树莓派即可完成摄像头的固定和连接。

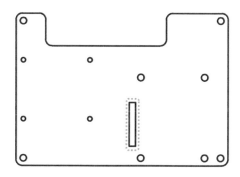

图 7.13 顶板上摄像头连接线的穿过位置

将顶板与树莓派底部固定板四角的孔位对齐，用 M3 铜柱和螺丝、螺母支撑并固定。注意其方向应保证顶板缺口与树莓派的 GPIO 引脚区域对齐。这样树莓派、双轴云台、舵机控制板就被固定为一个整体了（见图 7.14）。

图 7.14 固定完成示意图

舵机控制板的供电方式和通信方式与机械臂项目相同（见图 7.15）。供电需要用到 DC 电源线、DC 端子和红、黑电源线。

图 7.15 舵机控制板的供电连接

如果连接后舵机控制板的蓝灯亮起，请按 DC 电源线上的开关按钮先关闭电源。要进行通信，则需要将舵机控制板上的通信接口与树莓派上的硬件串口引脚用杜邦线连接，连接方式如图 7.16 所示。

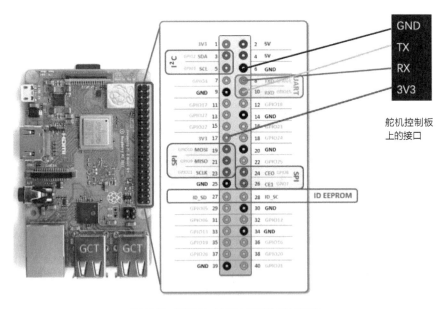

图 7.16 树莓派与舵机控制板的通信连接

双轴云台上的两个舵机可连接至舵机控制板上的引脚，注意线的颜色与板上引脚的颜色必须一一对应。为了后面描述的统一，我们可以将下方舵机连至 M1 列，而上方舵机连至 M2 列。

检查以上所有线路连接无误后，重新打开树莓派电源，待树莓派开机后再打开舵机控制板的电源。

用程序控制舵机运动的方法与机械臂项目完全相同。

```
import serial
from roboticarm import get_message
ser = serial.Serial("/dev/ttyAMA0", 9600)
ser.write(get_message(1, 1500, 40))
ser.write(get_message(2, 1500, 40))
ser.close()
```

试一试

　　尝试编写程序控制双轴云台舵机的运动，找出两个舵机 PWM 值的变化与云台运动方向之间的关系。

　　如果舵机不转，请检查舵机控制板的供电与通信连接。

　　由于摄像头的安装方式为上下倒转安装，我们在编写程序读取图像时需使用 flip 函数将图像上下翻转。

```
import cv2
cap = cv2.VideoCapture(0)  # 开始读取摄像头信号
while cap.isOpened():  # 当读取到信号时
    (ret, frame) = cap.read()  # 读取每一帧视频图像为 frame
    frame = cv2.flip(frame, 0)  # 将图像上下翻转
    cv2.imshow('test', frame)  # 展示读取到的图像
    cv2.waitKey(5)  # 每帧等待 5 毫秒
```

　　现在，只需要使用哈尔特征检测得到人脸在图像中的位置，再指示舵机运动，进行追踪即可。由于一次只能追踪一张人脸，我们可以在 detectMultiScale 函数中使用 cv2.CASCADE_FIND_BIGGEST_OBJECT（寻找最大的人脸位置）作为 flags 参数的值。

试一试

　　尝试移动人脸，观察程序输出的中心坐标的变化。

```
faces = face_cascade.detectMultiScale(gray, minSize=(100, 100),
flags=cv2.CASCADE_FIND_BIGGEST_OBJECT)
for (left, top, width, height) in faces:
    x0 = left + width / 2
    y0 = top + height / 2
    print(" 中心坐标: ", (x0, y0))
```

　　该程序段中，faces 虽然仍是一个元组，但由于只有一张人脸，其长度始终为 1，因此 for 循环至多只会遍历一次。循环中，通过左上角坐标和宽、高，即可以计算出人脸所在位置的中心坐标。当摄像头正对人脸时，人脸位置的中心坐标应该在整个图像的正中，即 (320, 240) 位置。

　　要实现对人脸的实时追踪，只需要让图像中的人脸始终趋于图像正中即可，即始终让

人脸中心坐标（x0, y0）向 (320, 240) 靠近。

当图像中人脸中心 *x* 坐标大于 320 时，说明人脸在图像中的右侧，云台应向左转；反之云台应向右转（注意，我们的摄像头是倒置安装的，flip 函数只将图像的上下翻转了过来，左右还是反的）。当图像中人脸中心 *y* 坐标大于 240 时，说明人在图像中的下方，云台应向下转；反之云台应向上转。控制舵机转向的方式和控制机械臂找物体位置的方式类似，需根据人脸的实时坐标对两个舵机的 PWM 值进行增减。

若用 pwm1 和 pwm2 分别表示两个舵机的 PWM 值，则可以这样编写程序：

```
if x0 > 320:
    pwm1 += 10
elif x0 < 320:
    pwm1 -= 10
if y0 > 240:
    pwm2 += 10
elif y0 < 240:
    pwm2 -= 10
```

但每次都调整一个固定值，效果并不理想：若调整值取值太大，容易在中心附近发生剧烈的晃动；若调整值取值太小，当人脸远离中心时，调整速度又太慢。

为了解决这一问题，一个较简单的方法是让每次的调整值与实际坐标偏离中心的幅度成正比。

```
if x0 > 320:
    pwm1 += (x0 - 320) / 6
elif x0 < 320:
    pwm1 -= (320 - x0) / 6
if y0 > 240:
    pwm2 += (y0 - 240) / 6
elif y0 < 240:
    pwm2 -= (240 - y0) / 6
```

这里，我们让调整值与偏离幅度相关且比值为 6。该值仅供参考，应该根据实际情况进行调整，最终使云台能较快速地追踪目标，并且尽量减少在中心附近的晃动。为了避免云台的小幅晃动现象，我们可以划定 (320, 240) 附近的一个小范围均为"中心"，只要目标处于这一区间，云台就不响应。例如：

```
if x0 > 330:
    pwm1 += (x0 - 320) / 6
elif x0 < 310:
    pwm1 -= (320 - x0) / 6
if y0 > 250:
    pwm2 += (y0 - 240) / 6
elif y0 < 230:
    pwm2 -= (240 - y0) / 6
```

至此，我们已经将哈尔特征检测人脸坐标与舵机运动的控制关联起来了，在完整的程序中，应在图像处理的循环中加入调整舵机位置的语句。

```
import cv2
import serial
from roboticarm import get_message
ser = serial.Serial("/dev/ttyAMA0", 9600) #初始化串口
#用两个变量记录两个舵机的 PWM 值
pwm1 = 1500
pwm2 = 1500
#令云台转动到初始位置
ser.write(get_message(1, pwm1, 40))
ser.write(get_message(2, pwm2, 40))
face_cascade = cv2.CascadeClassifier('/home/pi/cascade/haarcascade_
frontalface_default.xml') #载入人脸分类器
cap = cv2.VideoCapture(0) #开始读取摄像头信号
while(cap.isOpened()):
    (ret, frame) = cap.read() #读取每一帧视频图像为 frame
    frame = cv2.flip(frame, 0) #将图像上下镜像翻转
    gray = cv2.cvtColor(frame, cv2.COLOR_BGR2GRAY) #将图像转换为灰度图
    faces = face_cascade.detectMultiScale(gray, minSize=(100, 100),
flags=cv2.CASCADE_FIND_BIGGEST_OBJECT) #检测人脸的位置
    for (left, top, width, height) in faces: #遍历找到的人脸的位置信息
        #计算出人脸位置中心点的坐标
        x0 = left + width / 2
        y0 = top + height / 2
        #比较坐标与中心点的差别，调整舵机的 PWM 值
        if x0 > 330:
            pwm1 += (x0 - 320) / 6
        elif x0 < 310:
            pwm1 -= (320 - x0) / 6
        if y0 > 250:
            pwm2 += (y0 - 240) / 6
        elif y0 < 230:
            pwm2 -= (240 - y0) / 6
    #令舵机转向
    ser.write(get_message(1, pwm1, 40))
    ser.write(get_message(2, pwm2, 40))
cap.release()
ser.close()
```

扩展阅读

　　人脸追踪机器人是一个典型的控制系统，系统通过计算摄像头中人脸的测量位置（输入值）与中心点坐标（目标值）的误差值调整不同的 PWM 值（输出值），控制舵机运动，进而使得图像中的人脸向目标位置趋近并反复循环这一过程。这种输入值跟随输出值变化并可以重新调整输出的控制系统被称为闭环控制系统（见图 7.17）。优秀的闭环控制系统是自动控制的关键。

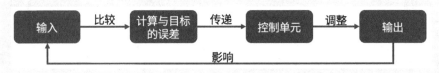

图 7.17 闭环控制系统

在前面的程序中，我们将 PWM 值的调整大小设定成与坐标值偏离中心值的幅度成正比。坐标值偏离中心值的幅度是控制系统中的误差值，输出的调整大小与误差值成正比的调整方式被称为比例调节。

将调整大小设定为 u，误差为 e，则有：

$u=K_p \times e$

K_p 为比例调节的参数。但是，单纯的比例调节参数太大容易导致调整过度，而发生在中心附近的往复振动，太小又会使调整太慢。我们此前的解决方案是设定一个"中心区"来避免振动，但这仍不是最理想的方法。

为了能减小振动，我们可以存储上一帧的误差值 e_{last} 并计算当前帧误差与上一帧误差的差值，得到：

$u=K_p \times e+K_d \times (e-e_{last})$

这种调节方式被称为微分调节，K_d 就是微分调节的参数。当人脸正在接近中心时，此项将抵消比例调节的调整量从而起到减小振动的效果。微分调节可以通过误差变化的趋势预测系统的未来偏差，非常适合树莓派摄像头这种延迟较大的系统。同学们可以尝试使用该方法改写前面的程序。

在某些系统中，由于摩擦等干扰因素，系统可以调整到目标值附近却无法到达目标值。这种情况下，还可以计算历史累计的误差（正负误差可抵消）e_{all}，使系统可以随着时间的累积对小误差进行响应：

$u=K_p \times e+K_d \times (e-e_{last})+K_i \times e_{all}$

这种调节方式被称为积分调节，参数 K_i 为积分调节参数。比例调节、微分调节和积分调节共同组成了 PID 控制器，它可以作为平衡车、无人机等绝大多数自动控制系统的核心算法。

7.5 什么是机器学习

7.5.1 计算机如何识别一只猫

首先我们要知道，对人工智能系统而言，其核心的工作过程可以被简化为给定一个输入，经过人工智能的判断，得到一个输出。例如，常见的指纹解锁中，我们将输入的指纹信息交给人工智能系统，人工智能系统经过比对判断给出一个通过或不通过的输出结果。

那么人工智能是依据什么进行判断的呢？

在简单的情形下，我们可以通过程序给定一套规则（算法），人工智能系统只需要依据这个规则进行判定就行了。例如在避障小车中，我们设定当探测到障碍物距离小于特定值时转向 90°，否则保持直行。这就是一个极其简单的人工智能判定规则。

由于计算机具有高速运算能力，人工智能可以快速完成很多对于人类来说很麻烦的事情。但是人类可以轻而易举完成的一些事情，对于计算机来说却有着巨大的障碍，例如从一张图片中识别一只猫（见图 7.18）。

图 7.18 计算机识别猫与狗是一个复杂的任务

人可以轻易地分辨出一只猫的形象，但是对于计算机来说，这是个相当艰难而复杂的任务。原因在于计算机很难找到一套规则去明确猫是什么样的。

猫应该有毛，但是有些猫就是没毛。

猫应该有耳朵，但是有些猫耳朵是趴着的，根本看不出来耳朵。

猫总该有胡须、眼睛，但有的猫是背对着你的。

猫总要有一些颜色，但晚上看一只黑猫就不行。

有的看起来像猫，但说不定是狗，是狐狸，或者是其他的什么动物。

那么机器该怎么分辨一只图片中的猫呢？

在现在的人工智能系统中，人们常常会通过一定的方式令机器来"学习"从而自行获得一套进行判断的规则。这种方法被称为"机器学习"，是人工智能的一个重要分支领域。

例如在识别猫的例子，人们会给计算机提供大量的图片（见图 7.19），告诉它这是猫或者不是猫，给它一个模型让它自己去学习、分析，自主形成"猫"的概念。经过一定量的训练后，再给它一张图，它就可以判断图中到底是不是猫了。

图 7.19 各种可能的猫的照片

7.5.2 机器学习的分类

在机器学习领域，有几种主要的学习方式：监督学习 (supervised learning)、无监督学习 (unsupervised learing)、半监督学习（semi-supervised learning）、强化学习 (reinforcement learning) 等。

监督学习是指给定有对应关系的输入、输出数据，让人工智能算法找出两组数据之间的对应关系。例如在猫狗分类问题中，我们给出多张猫、狗的图片，并完全告诉人工智能系统这些图片中是猫还是狗，再令系统学习它们的分类模式，这是一种典型的监督学习。在哈尔特征检测中，我们曾提到，可以依靠计算机训练的方式找到人脸与非人脸图像的哈尔特征差异，从而实现对人脸的检测。这种训练便是机器学习中的监督学习，它需要我们提供大量事先标注好的人脸或非人脸的照片。

无监督学习是指只提供输入数据而没有对应的输出数据，让人工智能系统自行寻找数据的关系。例如我们只给出猫、狗的图片却不告诉系统它们的分类，便是无监督学习。

通常来说，无监督学习的难度远高于监督学习，但监督学习却需要付出更多的成本（需要人工标注大量的数据）。在实际的人工智能项目中，可以根据实际情况选择采用两种方法中的一个或是混合使用，而这种混合使用又称为"半监督学习"。例如我们既提供已知分类的猫、狗图片，又提供没有分类的图片，便是半监督学习。

但是在某些情况下，人们以人工智能为核心系统操控机器人解决实际的复杂问题时，往往只知道需要完成的目标，并不能直接提供输入／输出值。此时，我们可以令机器人随机地自行控制动作得到相对应的目标反馈结果。人工智能系统将判断其控制的动作与反馈结果间的关联，进而做出合理的调整，最终不断优化其动作，得到更好的结果。

例如训练让机器人投篮入筐或是射门入网，先让它随机做动作，然后根据一定的反馈得知投篮是否进筐或射门是否入网，然后不断调整、优化动作，最终达到百发百中。

这种机器自主学习的方式被称为"强化学习"，它可以在自主行动的基础上，根据正负反馈的情况不断强化自身。

7.6　认识人工神经网络

借助机器学习的方法，我们可以经过训练得到人脸的哈尔特征。这些特征虽然足以区分人脸与非人脸，却难以区分不同人的人脸——它们的相似性远高于人脸和其他图像的相似性。要识别特定的人脸，使用预先设定的数学方法配合机器学习已经难以完成。为解决这一问题，一个典型的方法是使用人工神经网络工具。

人工智能机器学习机制的本质是根据多组已知的输入值（例如不同人脸的照片）和输出值（例如它们对应的人的名字）来自行找出它们之间的对应关系，从而通过其他输入值预测出新的对应输出值。多数情况下，影响输出值的输入值都有多个，只要我们找到所有的输入值以及它们各自的权重系数，理论上我们就可以预测任意一次输入情况下对应的输出值。例如：

输出值 = 权重 1 × 输入值 1+ 权重 2 × 输入值 2+……+ 权重 n × 输入值 n

这里，每一个输入值都按照一定的比值影响输出值，它们的影响程度表现为各自对应的权重。采用这种方式归纳的输入／输出关系被称为多元线性回归（见图 7.20）。之所以称为线性，是因为在这里输入值都被直接乘以一个常数而没有采用平方、立方或是正弦、对数等数学变换。

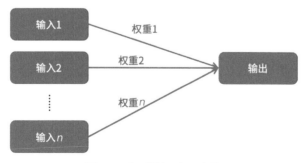

图 7.20 多元线性回归示意图

多元线性回归的数学计算比较简单，但它往往不能用于描述绝大多数真实的问题。基于多元线性回归，计算机科学家们在 20 世纪中叶基于生物神经细胞提出了一种名为感知器的模型，它是人工神经网络的雏形。

在介绍人工神经网络之前，我们先来简单了解一下人类的神经元（神经细胞）的结构。神经元可以简单分为细胞体、树突、轴突几部分。经过细胞体处理的神经信号经由轴突传递到突触结构，再通过大量的突触传递给其他神经细胞的树突（见图 7.21）。

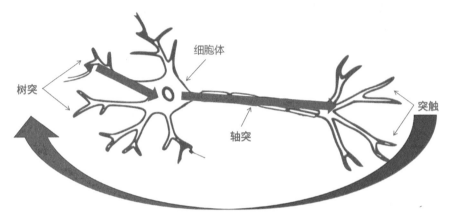

图 7.21 神经元信号传递示意图

神经信号在传递过程中被突触以不同强度处理后传递给树突，大量树突接收的信号结合起来就构成了细胞体接收到的神经信号。细胞体最终决定以怎样的强度输出该信号。

而模拟生物神经细胞结构的感知器的结构如图 7.22 所示。

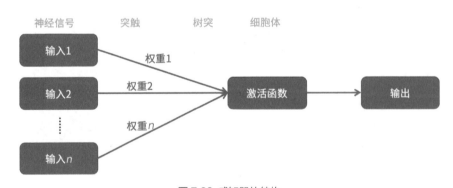

图 7.22 感知器的结构

输入值相当于神经信号，这些神经信号经过突触依照不同的权重处理后被这个神经元的树突接收。大量树突接收到的信号被细胞体获得后，它将根据一个"激活函数"来决定最终输出的强度。激活函数通常是一个非线性的函数，它将可以使得我们用多元线性回归得到的取值非线性化。因此，感知器模型可以处理一些简单的非线性问题，比普通的多元线性回归适用性更广。

但单一的感知器仍不能处理许多复杂的问题，计算机科学家们于是将多个感知器（神经元）结合到一起，构成一个简单的人工神经网络，在计算机科学领域也可简称为神经网络。

在最简单的人工神经网络系统中，每个神经元在接收信号后，根据不同的权重生成一系列"输出值"，这些值又作为输入值生成最终的输出值。这些处于原始输入值和最终输出值之间的值通常也被称为中间值。

我们常用"层"的概念来描述人工神经网络中的数据，原始输入数据构成输入层，最终的输出数据构成输出层，而中间所有起到中介作用的数据构成隐藏层（见图 7.23），它们一般是由计算机通过机器学习机制自主训练得到的，我们可以将其视为一个隐藏起来的"黑箱"。

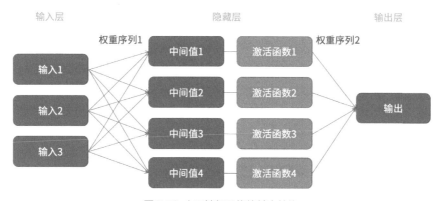

图 7.23 人工神经网络的基本结构

从输入层到隐藏层的每一个中间值节点或是从隐藏层到输出层的转换事实上都构成了一个感知器（神经元），这便是人工神经网络名称的由来。由于每一个感知器中均包含了一个非线性的激活函数，最终的输出值受到了多个激活函数的影响，这使得人工神经网络模型从理论上来说可以完成任何情形下的现实模拟。

需要注意的是，基本的人工神经网络虽然在结构上非常类似于生物神经网络，但其中信号传递的过程事实上与生物神经网络差异巨大。因此，人工神经网络并不是生物神经网络在计算机中的再现，二者只存在结构上的相似性。

如果一个系统中包含多个层次的中间值，每层中间值之间都由不同权重序列和激活函数串联，就构成了一个深度神经网络（见图 7.24）。

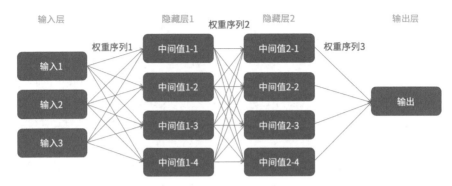

图 7.24 深度神经网络的结构示意图（图中的中间值均包括激活函数）

深度神经网络在解决部分复杂问题时被证明很有效果。包括人脸识别在内的大量图像识别技术、语音识别技术、机器翻译及大家熟知的 AlphaGo 都是应用深度神经网络进行训练的典范。运用深度神经网络进行机器学习也被称为深度学习。

回到识别人脸的问题上，若将大量不同人脸的图像信息视为输入值，将区分不同人脸的结果作为输出值，只要可供学习的图像足够多，人工神经网络就可以准确地区分不同人脸。为了实际使用方便，我们可以从人工神经网络的训练过程中得到它用于区分不同人脸的特征信息以及它们的计算方法，再在实时检测中直接计算出图像的特征信息进行比较即可（见图7.25）。

图 7.25 从神经网络中提取出足以区分不同人脸的特征信息的计算方法

需要注意的是，人工智能得到的特征信息并不是我们用来区分人脸的眼睛大小、鼻子高低等特征，而往往是一些数学信息。利用人工神经网络工具识别人脸并不需要知道这些计算出来的特征信息所代表的现实意义。

人工神经网络，尤其是深度神经网络存在着一个巨大的缺点：运算量极大，因此运算极慢。这也是这项提出超过大半个世纪的技术直到近年来随着计算机运算能力的不断提升才逐渐发展起来的根本原因。

为了减少运算量、提升运行的效率，人们发展出了一些有效的辅助方法。诸如卷积神经网络、递归神经网络等方法被证明在图像识别领域、机器翻译领域等方面有着出色表现。

此外，人工神经网络还有另一个缺点——效果极大程度上依赖于输入数据的数量和质量，也导致了没有巨量数据的个人很难得到有效的结果。但从另一个角度来说，恰恰因为这个原因，人工神经网络近年来的快速发展推动了大数据概念的火爆，数据量成为了科技巨头公司争抢的关键。

尽管近年来深度神经网络在图像识别、机器翻译、语音识别、棋类游戏等专业领域取得了惊人的成果，人工智能概念也因此走到了时代前沿，但人们甚至对于神经网络工具为何有如此威力还没有充分的理解。当前人工智能的发展仍处于初级阶段，实现理想中的人工智能还有很长的路要走，有待所有未来有志于在人工智能领域探索的同学们继续开拓。

7.7　识别特定的人脸

在识别人脸的问题上，我们并没有巨量的人脸数据库，或许也没有一台足够强大的计算机，甚至缺少足够的训练时间，因此很难有效地直接训练一个优秀的人工神经网络来区分人脸。但人脸识别的问题也是人工智能领域的热门问题，Python 第三方包 Face Recognition 便利用了开源的训练成果，可以直接将人脸图像转换为 128 个特征信息并用于区分不同人脸。

在编写程序之前，首先需要导入一张包含已知人物面部的图片以供检测对比，导入的图片最好只包含一张人脸。如果没有照片，可以先用 OpenCV 拍一张自己的正脸照片。

```
import cv2
cap = cv2.VideoCapture(0)
while cap.isOpened():
    (ret, frame) = cap.read()
    frame = cv2.flip(frame, 0)
    cv2.imshow("Shot", frame)
    k = cv2.waitKey(5)
    if k == ord('s'):
        cv2.imwrite("/home/pi/photos/1.jpg", frame)
```

imwrite 函数可以将图像保存到指定地址，参数分别为存储地址和图像信息。存储地址应包含文件的名称和格式，通常选择 jpg 或 png 格式即可。上面的程序可以实现按下键盘 s 键则将当前摄像头帧存储到指定地址。

接下来，我们先提取这张图片的人脸特征。使用下面的语句可以非常轻松地对一张图像的信息进行面部检索与编码。

```
import cv2
import face_recognition
my_image = cv2.imread("/home/pi/photos/1.jpg")
my_image = cv2.cvtColor(my_image, cv2.COLOR_BGR2RGB)
my_face_encoding = face_recognition.face_encodings(my_image)
```

OpenCV 中内置的 imread 函数可以读取出一张图片中的图像信息，其参数为图片的存储位置。

face_recognition 包中的 face_encodings 函数可以对图像信息中的人脸进行检索并

转化为前面提到的 128 个特征信息数据，这个转化过程可以被称为编码。

　　face_encodings 函数接受的图像信息需要按照 RGB 的顺序排列，这与 OpenCV 默认的 BGR 顺序不同，因此可以先用 cvtColor 函数进行转换（参数设定为 cv2.COLOR_BGR2RBG）。face_encodings 函数的返回值是一个列表，其包括从图像上找到的所有人脸对应的特征信息序列。

　　在载入已知人脸图像的特征信息后，我们就可以将实时摄像头中捕获到的人脸信息与之对比。在实时检测中，如果对每一帧都使用 face_encodings 函数进行编码，这个进程将非常缓慢，完全失去实时性。为了提高检测速度，我们仍可以先用 HAAR 特征检测找到人脸的位置，再直接对这个区域进行编码。

```
# 载入人脸分类器
face_cascade = cv2.CascadeClassifier('/home/pi/cascade/haarcascade_
frontalface_default.xml')
cap = cv2.VideoCapture(0)  # 开始读取摄像头信号
while cap.isOpened():
    (ret, frame) = cap.read()  # 读取每一帧视频图像为 frame
    frame = cv2.flip(frame, 0)  # 将图像上下镜像翻转
    gray = cv2.cvtColor(frame, cv2.COLOR_BGR2GRAY)  # 将图像转换为灰度图
    faces = face_cascade.detectMultiScale(gray, minSize=(100, 100),
flags=cv2.CASCADE_FIND_BIGGEST_OBJECT)  # 检测人脸的位置
```

　　这里，为方便起见，我们假定需要比对的人脸只有一个，因此 detectMultiScale 函数使用了 cv2.CASCADE_FIND_BIGGEST_OBJECT（寻找最大目标）参数，并返回其位置信息，依序由左上角 x 坐标、左上角 y 坐标、宽度、高度构成。

　　face_encodings 函数可以接受第二个参数：人脸的位置。设定这个参数后，face_encodings 函数将不再检测人脸位置而是直接计算出这个位置人脸的特征信息。需要注意的是，face_encodings 函数接受的位置信息需要按照左上角 y 坐标、右下角 x 坐标、右下角 y 坐标、左上角 x 坐标的顺序排列。这些信息可以是一组或多组（即可以指定多个人脸的位置信息）。因此我们需要先把 HAAR 特征人脸检测得到的人脸位置信息转换成 face_encodings 函数能接受的位置信息。

```
face_locations = [ ]
for (left, top, width, height) in faces:
    right = left + width
    bottom = top + height
    face_locations.append((int(top), int(right), int(bottom),int(left)))
rgb_frame = cv2.cvtColor(frame, cv2.COLOR_BGR2RGB)  # 得到每一帧的 RGB 图像
信息
face_encodings = face_recognition.face_encodings(rgb_frame, face_
locations)  # 计算特定位置的人脸特征信息
```

　　注意，这里传入 face_encodings 函数的位置序列处于一个长度为 1 的列表 face_locations 中，我们对它使用 append 函数将需要的位置序列加入其中。此外，传入的位置

信息必须为整数型，需先用 int 函数强制转换。

现在，我们已经完成了人工智能识别人脸的第三个步骤：特征提取，接下来只需要将特征与已知信息比较，完成特征的匹配与识别即可（见图 7.26）。

图 7.26 人工智能识别人脸的过程

face_recognition 包中预置了一个 compare_faces 函数，可以非常方便地进行比较判断，例如：

```
matches = face_recognition.compare_faces(my_face_encoding, face_
encoding, tolerance=0.5)
```

函数可接收 3 个参数：预置的已知人脸特征信息（可以是一组或多组信息）、待比较的人脸特征信息（只能是一组）、容忍率。

已知人脸信息就是我们此前保存的照片编码后得到的信息，待比较的人脸信息则是摄像头实时检测并编码的人脸信息。不过，在我们前面的程序中，face_encodings 函数的返回值是一个长度为 1 的列表，将它传入 compare_faces 函数之前还需要用 for 循环取出其中的元素。容忍率则表示判断的标准，值越大，判断越宽松，但也越可能错判；值越小，判断越严苛，但也越可能漏判。0.5 是针对东亚人脸的参考值，但也可根据实际情况调整。

函数的返回值是一个列表，它依序将待比较人脸与所有设定的已知人脸相比较并得到 True 或 False 的结果，表示判断是或不是同一个人。本例中，由于已知人脸只有一张，该返回值的长度为 1，若要判断是否同一人，只需要判断返回之中是否存在 True 即可。在 Python 中，"某值 in 某列表或元组"将返回这个列表或元组中是否包含某值的逻辑判断结果。

```
for face_encoding in face_encodings: #遍历得到的所有人脸特征信息
    matches = face_recognition.compare_faces(my_face_encoding, face_
encoding, tolerance=0.5) #将它与已知的人脸进行比较
    if True in matches: #如果检测成功
        (top, right, bottom, left) = face_locations[0] #获得该人脸的位置信息
        cv2.rectangle(frame, (left, top), (right, bottom), (0, 0, 255),
2) #绘制矩形框
```

这里，我们对实时图像中的人脸与已知人脸进行比较，如果成功，则用 face_locations[0] 直接取出该人脸的坐标并绘制矩形框。识别特定人脸的完整的程序如下。

```
import cv2
import face_recognition
# 载入包含你面部的图片并对它编码
my_image = cv2.imread("/home/pi/photos/1.jpg")
```

```
my_image = cv2.cvtColor(my_image, cv2.COLOR_BGR2RGB)
my_face_encoding = face_recognition.face_encodings(my_image)
# 载入人脸分类器
face_cascade = cv2.CascadeClassifier('/home/pi/cascade/haarcascade_
frontalface_default.xml')
cap = cv2.VideoCapture(0) # 开始读取摄像头信号
while cap.isOpened():
    (ret, frame) = cap.read() # 读取每一帧视频图像为 frame
    frame = cv2.flip(frame, 0) # 将图像上下镜像翻转
    gray = cv2.cvtColor(frame, cv2.COLOR_BGR2GRAY) # 将图像转换为灰度图
    faces = face_cascade.detectMultiScale(gray, minSize=(100, 100),
flags=cv2.CASCADE_FIND_BIGGEST_OBJECT) # 检测人脸的位置
    face_locations = [] # 定义一个列表存储人脸的位置信息
    for (left, top, width, height) in faces: # 遍历找到的人脸的位置信息
        # 计算出右下角的坐标
        right = left + width
        bottom = top + height
        # 为 face_locations 添加一个人脸的位置信息，注意需要强制转换为 int 类型
        face_locations.append((int(top), int(right), int(bottom),
int(left)))
    rgb_frame = cv2.cvtColor(frame, cv2.COLOR_BGR2RGB) # 得到每一帧的 RGB
图像信息
    face_encodings = face_recognition.face_encodings(rgb_frame, face_
locations) # 计算特定位置的人脸特征信息
    for face_encoding in face_encodings: # 遍历得到的所有人脸特征信息
        matches = face_recognition.compare_faces(my_face_encoding,
face_encoding, tolerance=0.5) # 将它与已知的人脸进行比较
        if True in matches: # 如果检测成功
            (top, right, bottom, left) = face_locations[0] # 获得该人脸的
位置信息
            cv2.rectangle(frame, (left, top), (right, bottom), (0, 0,
255), 2) # 绘制矩形框
    cv2.imshow("Recognition", frame) # 预览图像
    cv2.waitKey(5) # 每帧等待 5 毫秒
cap.release()
cv2.destroyAllWindows()
```

注意事项

（1）由于提取人脸特征信息需要进行复杂的计算，程序载入时通常需要 30~60 秒的等待时间。

（2）如果你的程序卡顿现象严重，可以尝试缩小树莓派摄像头的图像尺寸，例如：frame = cv2.resize(frame, (160, 120))。（参数为改变后图像的宽与高，注意最好等比例缩小。）

（3）由于该开源包训练时使用的人脸图像数据基本是欧美人脸，因此对东亚人脸的识别效果并不十分理想。若效果不好，可以视情况调整 compare_faces 函数中 tolerance 参数的取值。

自主练习

　　我们的示例程序中只采集了一张人脸作为已知数据，也只在实时图像中识别最大的一张人脸。试改写程序，收集更多照片组成更大的已知人脸数据库，并在实时图像中识别所有人脸并用不同颜色的框标识出来。

　　提示：程序中可能需要知道列表中的某个元素在列表中的序号，这可以使用"列表 .index（列表中的元素）"的形式得到。

7.8　扩展任务——属于你的机器人

7.8.1　让机器人认识你

　　在前面的讲解中，我们已经学习了人工智能识别人脸的完整过程，并在人脸检测的阶段制作了一个可以追踪人脸的小机器人。现在，我们尝试加入人脸识别功能，让机器人能够只追踪你的脸。

　　这一过程看起来并不复杂，只需要在前面的人脸追踪程序中加入识别的段落即可。但是，由于对每帧图像都进行人脸识别消耗了大量的运算力，追踪过程变得极为不流畅，基本完全失去了实时性。为了解决这一问题，我们可以只在程序开始时识别人脸，一旦识别成功便持续追踪人脸，而不再逐帧判断面前的人是不是你。

　　可以使用一个变量来表示现在的程序阶段：识别或追踪。先进行人脸识别，当识别到人脸后进入追踪阶段，此时不再执行人脸识别程序（见图 7.27）。

图 7.27　加入人脸识别的追踪流程

　　我们可以设定变量为 stage，其值为 0 表示识别人脸，为 1 表示追踪人脸。

```
stage = 0
if stage == 0:  # 若处于识别阶段
    '''
    识别人脸的程序段落
    '''
            if True in matches:  # 如果检测成功
                stage = 1  # 进入追踪阶段
```

```
elif stage == 1: # 若处于追踪阶段
    '''
    追踪人脸的程序段落
    '''
```

然而，由于识别成功一次就进行追踪阶段，这也会带来一个新问题：当你离开后，其他人进入视野也将引发追踪。

为了解决这一问题，我们可以在追踪阶段判断当前帧中有没有人脸，一旦丢失人脸则开始计时，丢失达到一定时间后则重新进入识别阶段。

判断是否有人脸只需判断哈尔特征检测中得到的人脸位置信息列表的长度即可。detectMultiScale 函数的返回值 faces 在找到人脸时长度至少为 1，未找到时长度为 0。列表的长度可由函数 len(列表) 来得到。

在 Python 中，计时可以借助 time 扩展包中的 time 函数实现。该函数将返回自 1970 年 1 月 1 日至当前时刻经历的秒数。

```
get_face = False  # 定义一个变量用于表示当前是否找到人脸
if len(faces) > 0: # 如果寻找到人脸
    get_face = True # 改变 get_face 的取值
else: # 如果没有找到人脸
    if get_face: # 若上一帧找到了人脸，更新 start_time 取值
        start_time = time.time()
    if time.time() - start_time > 5: # 若连续几秒未找到人脸，令舵机复位，并回
到识别阶段
        pwm1 = 1500
        pwm2 = 1500
        stage = 0
    get_face = False # 改变 get_face 的取值
```

上述程序中，我们定义了一个 get_face 变量，它的值为 True 时表示找到人脸，为 False 时表示未找到。在上一帧找到而本帧未找到时便是"丢失人脸"的时刻，可以用一个变量 start_time 存储该时刻。若一直未找到，则计算当前时刻与 start_time 的差值，即为最近一次"丢失人脸"以来经历的时间，若达到指定值，则令机器人回到初始位置并恢复到识别阶段。

试一试

试结合追踪与识别人脸的程序，完成对特定人脸的识别与追踪程序。请在追踪程序的段落中加入上述重置到识别阶段的判断程序。

7.8.2 让机器人发出声音

虽然现在的机器人已经具备了一定的追踪特定人脸的智能功能，但仍然缺少一些互动性，如果它可以在特定时刻发出指定的声音显然将更加活泼可爱。

树莓派可以通过 HDMI 接口或 3.5mm 音频接口输出音频信号。如果需要外接音箱，则请将其音频线连接至树莓派的 3.5mm 音频接口（见图 7.28）。

图 7.28 树莓派音频接口位置

树莓派通过 Python 编程播放音频的方法有很多种，在本例中我们来学习使用第三方包 pygame 来实现。pygame 包中包含了一个名 mixer 子包，使用它载入音频文件即可进行音频播放。

```
import pygame.mixer as player
player.init()
Sound = player.Sound("/home/pi/audios/1.wav")
Sound.play()
```

init 函数的作用是对音频播放进行初始化。Sound 则可以载入指定存储位置的音频文件，注意它只支持 wav 和 ogg 格式的音频。载入后再使用 play 函数即可开始音频的播放。

我们在播放音频时往往希望将它播放完再去播放下一个。使用 get_busy 函数可以获得当前的播放状态，若正在播放则返回 True，否则返回 False。因此，可以用下面的循环语句让程序在音频播放完毕后再继续运行。

```
while True:
    if not player.get_busy():
        break
```

我们可以将这个程序段落写入一个自定义函数，并将音频文件的存储地址作为该函数的参数。

```
import pygame.mixer as player
player.init()
def playaudio(address):
    Sound = player.Sound(address)
    Sound.play()
    while True:
```

```
        if not player.get_busy():
            break
playaudio("/home/pi/audios/1.wav")
```

不过，若要在机器狗的程序中插入音频的播放，由于程序需要等待音频播放完毕，它将阻碍我们其他程序内容的运行。

我们知道，以 Arduino 为例的单片机通常只能在同一时间运行一个程序，但 Python 程序并没有这个限制，它可以允许在同一时间运行多个程序。Python 中可以方便地在程序中创建"子线程"，让程序的一部分在后台同步执行。这种方法被称作"多线程"。

Python 中创建多线程存在多种方法，在 Python 3 中一种较为简单的方法是引入 threading 包中的 Thread 进行创建。

为了便于理解，我们先举一个简单的例子。假设小明正在吃草莓，他每 5 秒钟吃一个草莓，则可以写一个这样的程序：

```
import time
while True:
    print(' 吃草莓 ')
    time.sleep(5)
```

但是该同学热爱学习，他在吃草莓时也在背单词，他每 20 秒背一个单词。这样，我们可以将背单词作为吃草莓的子线程同步进行。

子线程应执行的内容需要放置在一个自定义函数中。我们可以设定一个名为 word 的自定义函数，放入背单词的过程：

```
def word():
    while True:
        print(' 背单词 ')
        time.sleep(20)
```

子线程可以通过 threading 包中的 Thread 进行创建，并以刚才设定的自定义函数为它的 target 参数。其写法如下：

```
from threading import Thread
t = Thread(target = word)
t.start()
```

这里，我们创建了一个名为 t 的子线程，它的执行内容在自定义函数 word 中。当需要开启线程时，只需要对线程调用 start 函数即可。完整的程序写法如下。

```
from threading import Thread
import time
def word():
    while True:
        print(' 背单词 ')
        time.sleep(20)
t = Thread(target = word)
t.start()
```

```
while True:
    print('吃草莓')
    time.sleep(5)
```

这样，我们可以在打印结果中看到，小明每吃 4 个草莓即背了一个单词，它们各自独立进行。

我们设定的自定义函数也可以有参数，若需要在创建线程时传入参数，只需要按照"Thread(target = 函数名 , args = [参数列表])"的形式将传入的参数依序写入 args 参数的列表中即可。

回到音频播放的例子中，我们可以创建子线程，并在程序的适当位置对它调用start函数，来在子线程中播放音频。

```
from threading import Thread
t = Thread(target = playaudio, args = ["/home/pi/audios/1.wav"])
t.start()
```

自主练习

寻找一些机器人声音的音频文件，并改写追踪人脸的机器人程序，让它在识别到特定人脸或丢失人脸目标等特殊时刻发出对应的声音。

本章要点回顾

附录 「试一试」环节参考程序

3.4.2 仿照本节示例中的加法计算器，编写减法、乘法和除法的计算器。

参考程序:

```
# 加法计算器
a = int(input("输入第一个整数"))
b = int(input("输入第二个整数"))
print("它们的和是: ", a + b)
# 减法计算器
a = int(input("输入第一个整数"))
b = int(input("输入第二个整数"))
print("它们的差是: ", a - b)
# 乘法计算器
a = int(input("输入第一个整数"))
b = int(input("输入第二个整数"))
print("它们的乘积是: ", a * b)
# 除法计算器
a = int(input("输入第一个整数"))
b = int(input("输入第二个整数"))
print("它们的商是: ", a / b)
```

3.5 将 3.4 节练习中的计算器改写为可以根据输入的运算符自主选择运算方式的四则运算计算器。

参考程序:

```
a = int(input("输入第一个整数"))
b = int(input("输入第二个整数"))
c = input("运算符: ")
if c == '+':
    print("它们的和是: ", a + b)
elif c == '-':
    print("它们的差是: ", a - b)
elif c == '*':
    print("它们的乘积是: ", a * b)
elif c == '/':
    print("它们的商是: ", a / b)
else:
    print("运算符请输入下列之一:  + - * /")
```

3.6 斐波那契数列指的是形如 1,1,2,3,5,8,13……的数列，其第一位和第二位均为 1，其后每一位等于前两位之和。试用 while 循环计算斐波那契数列中任一位置的数字。

参考程序:

```
# a1、a2 表示当前的最后两位数字，起始值为 1 和 1
a1、a2 = 1, 1
# f 表示当前的最后一位数字，起始值为 2
```

```
f = 2
# n 表示数列的位数，从第三位开始计算
n = 3
# while 循环，计算到需要的位数
while n <= 10:
    # 每次循环中，新的最后一位数字等于此前后两位之和
    f = a1 + a2
    # 此时，数列增加了一位，因此最后两位也要重新赋值，将 a1 赋值为原来的 a2，将 a2 赋值为 f
    a1 = a2
    a2 = f
    # 每次循环，数列位数增加一位
    n = n + 1
# 打印出最终的末尾数字
print(f)
```

3.7.1 将斐波那契数列的运算封装为一个函数，通过调用这个函数获取数列中指定位置的值。

参考程序：

```
# 定义一个计算斐波拉契数列的函数，参数 num 表示需要计算到的位数
def Fibonacci(num):
    # 如果是负数，返回错误提醒
    if num <= 0:
        return "请输入一个正整数"
    # 如果是 1 或 2，因数列的前两位均为 1，直接返回 1
    elif num <= 2:
        return 1
    # 如果大于 2，则进行循环计算
    else:
        a1, a2 = 1, 1
        f = 2
        n = 3
        while n <= num:
            f = a1 + a2
            a1 = a2
            a2 = f
            n = n + 1
        return f
# 利用函数打印出想要的结果
print(Fibonacci(10))
```

4.3.3 利用 while 循环结构，建立一个控制 sleep 时间的变量，试着让小灯越闪越亮。

参考程序：

```
import RPi.GPIO as gpio
from time import sleep
```

```
# 设定 LED 连接的 3 个接口的编号
R, B, G = 11, 13, 15
# 建立一个变量表示当前的闪烁等待时间
sleeptime = 1
# 设定编号模式为板载模式
gpio.setmode(gpio.BOARD)
# 初始化 3 个 LED 的接口
gpio.setup(R, gpio.OUT)
gpio.setup(B, gpio.OUT)
gpio.setup(G, gpio.OUT)
# 先关闭 3 个 LED
gpio.output(R, gpio.HIGH)
gpio.output(B, gpio.HIGH)
gpio.output(G, gpio.HIGH)
# 每次循环闪烁等待时间减少 0.1 秒，直到 0.1 秒为止
while sleeptime >= 0.1:
    gpio.output(R, gpio.LOW)
    sleep(sleeptime)
    gpio.output(R, gpio.HIGH)
    sleep(sleeptime)
    # 每次循环将等待时间减少 0.1 秒
    sleeptime = sleeptime - 0.1
```

4.4　用至少两种方法实现两个按钮按下一个则点亮小灯，都不按则熄灭小灯。

参考程序：

```
import RPi.GPIO as gpio
# 设定 LED 与按钮模块连接的接口的编号
R, B, G = 11, 13, 15
b1, b2 = 12, 16
# 设定编号模式为板载模式
gpio.setmode(gpio.BOARD)
# 初始化 LED 与按钮模块的接口
gpio.setup(R, gpio.OUT)
gpio.setup(B, gpio.OUT)
gpio.setup(G, gpio.OUT)
gpio.setup(b1, gpio.IN)
gpio.setup(b2, gpio.IN)
'''方法一：使用 if-else 逻辑嵌套'''
# 建立循环
while True:
    # 如果第一个按钮被按下，灯点亮
    if gpio.input(b1) == gpio.HIGH:
        gpio.output(R,gpio.LOW)
    else:
        # 第一个按钮不被按下则判断第二个按钮的状态，第二个按钮被按下，灯点亮；第二
个按钮没被按下，灯熄灭
        if gpio.input(b2) == gpio.HIGH:
            gpio.output(R,gpio.LOW)
```

```
        else:
            gpio.output(R,gpio.HIGH)
'''方法二：使用逻辑运算符or'''
# 建立循环
while True:
    # 使用or运算符，只要满足条件之一，则点亮灯，都不满足不点亮
    if gpio.input(b1) == gpio.HIGH or gpio.input(b2) == gpio.HIGH:
        gpio.output(R,gpio.LOW)
    else:
        gpio.output(R,gpio.HIGH)
```

4.5 制作一个随机时间亮灯、可以重复运行的抢答器。

参考程序：

```
import RPi.GPIO as gpio
from time import sleep
from random import randint
# 将连接的各引脚编号存储成变量
R,B,G = 11,13,15
b1,b2 = 12,16
# 使用变量winner表示获胜者，初始值为0
winner = 0
gpio.setmode(gpio.BOARD)  # 设定板子的编号模式
# 设定各引脚的输入/输出模式
gpio.setup(b1,gpio.IN)
gpio.setup(b2,gpio.IN)
gpio.setup(R,gpio.OUT)
gpio.setup(B,gpio.OUT)
gpio.setup(G,gpio.OUT)
# 先关闭小灯
gpio.output(R,gpio.HIGH)
gpio.output(B,gpio.HIGH)
gpio.output(G,gpio.HIGH)
# 随机延迟3~10秒
sleep(randint(3,10))
# 亮起白灯
gpio.output(R,gpio.LOW)
gpio.output(B,gpio.LOW)
gpio.output(G,gpio.LOW)
# 开始循环
while True:
    # 判断谁先按下按钮，即显示对应颜色，假设按钮1为红色的，按钮2为绿色的
    if gpio.input(b1) == gpio.HIGH:
        gpio.output(R,gpio.LOW)
        gpio.output(B,gpio.HIGH)
        gpio.output(G,gpio.HIGH)
        break
    elif gpio.input(b2) == gpio.HIGH:
        gpio.output(R,gpio.HIGH)
        gpio.output(B,gpio.HIGH)
```

```
        gpio.output(G,gpio.LOW)
        break
#5 秒后清除对 GPIO 的调用
sleep(5)
gpio.cleanup()
```

4.5 抢答器游戏显然有作弊的方法：在灯亮前就按住按钮。试试通过改写程序来揪出作弊者。

参考程序：

```
import RPi.GPIO as gpio
from time import sleep
from random import randint
# 将连接的各引脚编号存储成变量
R, B, G = 11, 13, 15
b1, b2 = 12, 16
# 使用变量 winner 表示获胜者，初始值为 0
winner = 0
# 设定板子的编号模式
gpio.setmode(gpio.BOARD)
# 设定各引脚的输入 / 输出模式
gpio.setup(b1,gpio.IN)
gpio.setup(b2,gpio.IN)
gpio.setup(R,gpio.OUT)
gpio.setup(B,gpio.OUT)
gpio.setup(G,gpio.OUT)
# 先关闭小灯
gpio.output(R,gpio.HIGH)
gpio.output(B,gpio.HIGH)
gpio.output(G,gpio.HIGH)
# 随机延迟 3~10 秒
sleep(randint(3,10))
# 亮起白灯
gpio.output(R,gpio.LOW)
gpio.output(B,gpio.LOW)
gpio.output(G,gpio.LOW)
# 检查亮灯瞬间是否有人作弊，如果都作弊，winner = 5;1 号作弊，winner = 4;2 号作弊，
winner = 3
if gpio.input(b1) == gpio.HIGH and gpio.input(b2) == gpio.HIGH:
    winner = 5
elif gpio.input(b1) == gpio.HIGH:
    winner = 4
elif gpio.input(b2) == gpio.HIGH:
    winner = 3
# 开始循环
while True:
    # winner = 0 表示尚未决出胜负，1 号先按则 winner = 1，2 号先按则 winner = 2
    if winner == 0:
```

```
        if gpio.input(b1) == gpio.HIGH:
            winner = 1
        elif gpio.input(b2) == gpio.HIGH:
            winner = 2
    # 1号获胜亮红灯，跳出循环
    elif winner == 1:
        gpio.output(R,gpio.LOW)
        gpio.output(B,gpio.HIGH)
        gpio.output(G,gpio.HIGH)
        break
    # 2号获胜亮绿灯，跳出循环
    elif winner == 2:
        gpio.output(R,gpio.HIGH)
        gpio.output(B,gpio.HIGH)
        gpio.output(G,gpio.LOW)
        break
    # winner = 3表示2号作弊，等待1号按下按钮即可判令1号获胜
    elif winner == 3:
        if gpio.input(b1) == gpio.HIGH:
            winner = 1
    # winner = 4表示1号作弊，等待2号按下按钮即可判令2号获胜
    elif winner == 4:
        if gpio.input(b2) == gpio.HIGH:
            winner = 2
    # winner = 5表示双方都作弊，直接跳出循环
    elif winner == 5:
        break
# 5秒后清除对GPIO的调用
sleep(5)
gpio.cleanup()
```

5.2.3 连接树莓派摄像头，用OpenCV预览实时视频。

参考程序：

```
import cv2 # 导入OpenCV扩展包
cap = cv2.VideoCapture(0) # 读取摄像头信号
while cap.isOpened(): # 当摄像头信号存在时，进行循环
    (ret, frame) = cap.read() # 将读取的信号中的一帧存为frame变量
    cv2.imshow('test', frame) # 预览帧
    cv2.waitKey(5) # 每帧等待5毫秒
```

5.3.3 找一个颜色均匀的物体，用OpenCV输出这个物体在摄像头中的中心位置和大小。 请根据目标物体的颜色调整inrange函数的参数值，注意尽量排除背景中颜色相近的其他物体。

参考程序：

```
import cv2
```

```
cap = cv2.VideoCapture(0) # 开始读取摄像头信号
while cap.isOpened(): # 当读取到信号时
    (ret, frame) = cap.read() # 读取每一帧视频图像为 frame
    hsv = cv2.cvtColor(frame, cv2.COLOR_BGR2HSV) # 将颜色空间转换为 HSV
    yellow_lower = (26, 43, 46) # 指定目标颜色的下限
    yellow_upper = (34, 255, 255) # 指定目标颜色的上限
    mask = cv2.inRange(hsv, yellow_lower, yellow_upper) # 使用目标范围分割
图像并二值化
    (mask, cnts, hierarchy) = cv2.findContours(mask, cv2.RETR_EXTERNAL,
cv2.CHAIN_APPROX_SIMPLE) # 寻找其中的所有外轮廓
    if len(cnts) > 0: # 如果至少找到一个轮廓
        c = max(cnts, key=cv2.contourArea) # 找出其中面积最大的轮廓
        ((x, y), radius) = cv2.minEnclosingCircle(c) # 分析轮廓的中心位置和
大小
        print("中心坐标", (x, y))
        print("半径", radius)
    cv2.imshow('test', frame) # 将图像显示到屏幕上
    cv2.waitKey(5) # 每一帧后等待 5 毫秒
```

5.4.1 制作一个"魔法棒"，确定其对应的 HSV 颜色值区间并通过 OpenCV 找到所在的位置，在屏幕上绘制出与其颜色类似的小圆点。

参考程序:

```
import cv2
cap = cv2.VideoCapture(0) # 开始读取摄像头信号
while cap.isOpened(): # 当读取到信号时
    (ret, frame) = cap.read() # 读取每一帧视频图像为 frame
    hsv = cv2.cvtColor(frame, cv2.COLOR_BGR2HSV) # 将颜色空间转换为 HSV
    yellow_lower = (26, 43, 46) # 指定目标颜色的下限
    yellow_upper = (34, 255, 255) # 指定目标颜色的上限
    mask = cv2.inRange(hsv, yellow_lower, yellow_upper) # 使用目标范围分割
图像并二值化
    (mask, cnts, hierarchy) = cv2.findContours(mask, cv2.RETR_EXTERNAL,
cv2.CHAIN_APPROX_SIMPLE) # 寻找其中的所有外轮廓
    if len(cnts) > 0: # 如果至少找到一个轮廓
        c = max(cnts, key=cv2.contourArea) # 找出其中面积最大的轮廓
        ((x, y), radius) = cv2.minEnclosingCircle(c) # 分析轮廓的中心位置和
大小
        cv2.circle(frame, (int(x), int(y)), 2, (0, 255, 255), -1) # 根据
中心位置打上黄色小圆点
    cv2.imshow('test', frame) # 将图像显示到屏幕上
    cv2.waitKey(5) # 每一帧后等待 5 毫秒
```

5.4.3 利用列表与 for 循环遍历,让屏幕上的图像显示魔法棒经过的所有点,实现基本的程序功能。

参考程序:

```
import cv2
cap = cv2.VideoCapture(0) # 开始读取摄像头信号
pointlist = [] # 声明一个列表用于存储点的位置
start = 0 # 声明一个变量表示是否开始记录点的位置
while(cap.isOpened()): # 当读取到信号时
    (ret, frame) = cap.read() # 读取每一帧视频图像为 frame
    frame = cv2.flip(frame,1) # 将图像左右镜像翻转
    hsv = cv2.cvtColor(frame, cv2.COLOR_BGR2HSV) # 将颜色空间转换为 HSV
    yellow_lower = (26, 43, 46) # 指定目标颜色的下限
    yellow_upper = (34, 255, 255) # 指定目标颜色的上限
    mask = cv2.inRange(hsv, yellow_lower, yellow_upper) # 使用目标范围分割
图像并二值化
    (mask, cnts, hierarchy) = cv2.findContours(mask, cv2.RETR_EXTERNAL,
cv2.CHAIN_APPROX_SIMPLE) # 寻找其中的所有外轮廓
    if len(cnts) > 0: # 如果至少找到一个轮廓
        c = max(cnts, key=cv2.contourArea) # 找出其中面积最大的轮廓
        ((x, y), radius) = cv2.minEnclosingCircle(c) # 分析轮廓的中心位置和
大小
        if radius > 20: # 仅当半径大于 20 时
            if start == 1: # start = 1 说明开始记录
                pointlist.append([x,y]) # 将点的位置追加到 pointlist 列表中
            elif start == 0: # start = 0 说明需要清除图像上的点
                pointlist = [] # 将 pointlist 重新置空
    for point in pointlist: # 遍历 pointlist 中所有点的位置
        x = point[0]
        y = point[1]
        cv2.circle(frame, (int(x), int(y)), 2, (0, 255, 255), -1) # 在这
些点的位置上绘制一个彩色小圆点
    cv2.imshow('MagicWand', frame) # 将图像显示到屏幕上
    k = cv2.waitKey(5) # 每一帧后等待 5 毫秒,并将键盘的按键值存为 k
```

5.4.3 制作一个可以按键控制开始、停止、清除绘制图案的魔法棒。

参考程序:

```
import cv2
cap = cv2.VideoCapture(0) # 开始读取摄像头信号
pointlist = [] # 声明一个列表用于存储点的位置
start = 0 # 声明一个变量表示是否开始记录点的位置
while(cap.isOpened()): # 当读取到信号时
    (ret, frame) = cap.read() # 读取每一帧视频图像为 frame
    frame = cv2.flip(frame,1) # 将图像左右镜像翻转
    hsv = cv2.cvtColor(frame, cv2.COLOR_BGR2HSV) # 将颜色空间转换为 HSV
    yellow_lower = (26, 43, 46) # 指定目标颜色的下限
```

```
        yellow_upper = (34, 255, 255) #指定目标颜色的上限
        mask = cv2.inRange(hsv, yellow_lower, yellow_upper) #使用目标范围分割
图像并二值化
        (mask, cnts, hierarchy) = cv2.findContours(mask, cv2.RETR_EXTERNAL,
cv2.CHAIN_APPROX_SIMPLE) #寻找其中的所有外轮廓
        if len(cnts) > 0: #如果至少找到一个轮廓
            c = max(cnts, key=cv2.contourArea) #找出其中面积最大的轮廓
            ((x, y), radius) = cv2.minEnclosingCircle(c) #分析轮廓的中心位置和
大小
            if radius > 20: #仅当半径大于20时
                if start == 1: #start = 1说明开始记录
                    pointlist.append([x,y]) #将点的位置追加到pointlist列表中
                elif start == 0: #start = 0说明需要清除图像上的点
                    pointlist = [] #将pointlist重新置空
        for point in pointlist: #遍历pointlist中所有点的位置
            x = point[0]
            y = point[1]
            cv2.circle(frame, (int(x), int(y)), 2, (0, 255, 255), -1) #在这
些点的位置上绘制一个彩色小圆点
        cv2.imshow('MagicWand', frame) #将图像显示到屏幕上
        k = cv2.waitKey(5) #每一帧后等待5毫秒，并将键盘的按键值存为k
        #如果按q，退出程序；按s，开始绘制；按p，停止绘制；按e，清除绘制
        if k == ord("q"):
            break
        elif k == ord("s"):
            start = 1
        elif k == ord("p"):
            start = -1
        elif k == ord("e"):
            start = 0
cap.release()
cv2.destroyAllWindows()
```

6.3.2　试使用 Python 程序通过树莓派控制机械臂 M1~M3 舵机运动。

参考程序：

```
import serial
import time
from roboticarm import get_message
# 初始化串口通信
ser = serial.Serial("/dev/ttyAMA0", 9600)
# 通过串口通信发送舵机运动信息，使舵机（1号）接收设定的PWM值（1500），以设定运动速
度（每秒36°）转向
ser.write(get_message(1, 1500, 4))
time.sleep(2)
ser.close()
```

6.4.2 试选择一种颜色的物体，将它放置在机械臂摄像头下方，用颜色识别程序输出物体在摄像头中的坐标。

参考程序：

```
import cv2
# 开始读取摄像头信号
cap = cv2.VideoCapture(0)
# 当读取到信号时
while cap.isOpened():
    # 读取每一帧视频图像为 frame
    (ret, frame) = cap.read()
    # 将颜色空间转换为 HSV
    hsv = cv2.cvtColor(frame, cv2.COLOR_BGR2HSV)
    # 指定目标颜色的下限
    yellow_lower = (26, 43, 46)
    # 指定目标颜色的上限
    yellow_upper = (34, 255, 255)
    # 使用目标范围分割图像并二值化
    mask = cv2.inRange(hsv, yellow_lower, yellow_upper)
    # 寻找其中的所有外轮廓
    (mask, cnts, hierarchy) = cv2.findContours(mask, cv2.RETR_EXTERNAL,
cv2.CHAIN_APPROX_SIMPLE)
    # 如果至少找到一个轮廓
    if len(cnts) > 0:
        # 找出其中面积最大的轮廓
        c = max(cnts, key=cv2.contourArea)
        # 分析轮廓的中心位置和大小
        ((x, y), radius) = cv2.minEnclosingCircle(c)
        # 如果半径大于 50
        if radius > 50:
            print("中心坐标", (x, y))
```

6.5.2 请参考本节中的示例程序，根据图像中物体的位置控制 M1 舵机运动。注意使物体在摄像头中的 *x* 坐标接近 320，并使物体离目标位置越远时机械臂运动越快，反之越慢。

参考程序：

```
import serial # 导入调用串口的 Python 第三方包 serial
import cv2 # 导入 OpenCV 包
import time # 导入 time 包
from roboticarm import get_message # 导入控制机械臂所必须的 get_message 函数
# 声明一个变量，表示轴 1 舵机的 PWM 值
pwm1 = 1500
ser = serial.Serial("/dev/ttyAMA0", 9600) # 初始化树莓派的通信串口
# 机械臂位置初始化
ser.write(get_message(1, 1500, 4))
```

```
ser.write(get_message(2, 1500, 4))
ser.write(get_message(3, 1500, 4))
time.sleep(2) # 等待舵机执行完成
# 识别黄色木块的坐标
cap = cv2.VideoCapture(0)
count = 0 # 计数
while cap.isOpened():
    (ret, frame) = cap.read()
    if count <= 60: # 计数小于等于 60 时
        count += 1 #count 自增 1
        continue # 跳过后面的语句，继续循环
    hsv = cv2.cvtColor(frame, cv2.COLOR_BGR2HSV)
    yellow_lower = (26, 43, 46)
    yellow_upper = (34, 255, 255)
    mask = cv2.inRange(hsv, yellow_lower, yellow_upper)
    (mask, cnts, hierarchy) = cv2.findContours(mask, cv2.RETR_EXTERNAL,
cv2.CHAIN_APPROX_SIMPLE)
    if len(cnts) > 0:
        c = max(cnts, key=cv2.contourArea)
        ((x, y), radius) = cv2.minEnclosingCircle(c)
        if radius > 50:
            print("center:" , (x, y))
            # 根据坐标调整机械臂运动
            if x > 330:
                pwm1 += int((x - 320) / 10 + 5)
            elif x < 310:
                pwm1 -= int((320 - x) / 10 + 5)
            ser.write(get_message(1, pwm1, 4))
```

5.4.3　参考本节中的示例程序，使你的机械臂能根据下方物体的位置自动调整至物体上方。

参考程序：

```
import serial
import cv2
import time
import numpy
from roboticarm import get_message
from roboticarm import get_angle
# 获取摄像头视频数据并初始化串口
cap = cv2.VideoCapture(0)
ser = serial.Serial("/dev/ttyAMA0" , 9600)
# 载入位置文件并设定相关变量
matrix = numpy.load("/home/pi/position.npy" )
pwm1 = 1500
distance = 1000
height = 1000
count = 0
```

```
# 使用 get_angle 函数将位置坐标转换为 2 号、3 号舵机的 PWM 值
(pwm2, pwm3)=get_angle(matrix, height, distance)
# 机械臂位置初始化
ser.write(get_message(1, pwm1, 4))
ser.write(get_message(2, pwm2, 4))
ser.write(get_message(3, pwm3, 4))
time.sleep(2)
while cap.isOpened():
    (ret, frame) = cap.read()
    # 跳过前 60 帧
    if count <= 60:
        count += 1
        continue
    # 识别黄色物块位置坐标
    hsv = cv2.cvtColor(frame, cv2.COLOR_BGR2HSV)
    yellow_lower = (26, 43, 46)
    yellow_upper = (34, 255, 255)
    mask = cv2.inRange(hsv, yellow_lower, yellow_upper)
    (mask, cnts, hierarchy) = cv2.findContours(mask, cv2.RETR_EXTERNAL,
cv2.CHAIN_APPROX_SIMPLE)
    if len(cnts) > 0:
        c = max(cnts, key=cv2.contourArea)
        ((x, y), radius) = cv2.minEnclosingCircle(c)
        if radius > 50:
            print("center:" , (x, y))
            # 根据坐标调整机械臂运动
            if x > 330:
                pwm1 += int((x - 320) / 10 + 5)
            elif x < 310:
                pwm1 -= int((320 - x) / 10 + 5)
            if y > 160:
                distance += 5
            elif y < 140:
                distance -= 5
            (pwm2, pwm3) = get_angle(matrix, height, distance)
            ser.write(get_message(1, pwm1, 3))
            ser.write(get_message(2, pwm2, 3))
            ser.write(get_message(3, pwm3, 3))
ser.close() # 关闭串口连接
```

6.6 在机械臂调整到物体上方后，跳出循环并加入抓取与放置物体的程序，完成可抓取特定颜色物体放到指定位置的机械臂。

参考程序:

```
import serial
import cv2
import time
import numpy
```

```
from roboticarm import get_message
from roboticarm import get_angle
# 获取摄像头视频数据并初始化串口
cap = cv2.VideoCapture(0)
ser = serial.Serial("/dev/ttyAMA0", 9600)
# 载入位置文件并设定相关变量
matrix = numpy.load("/home/pi/position.npy")
pwm1 = 1500
distance = 1000
height = 1000
count = 0
# 使用 get_angle 函数将位置坐标转换为 2 号、3 号舵机的 PWM 值
(pwm2, pwm3)=get_angle(matrix, height, distance)
# 机械臂位置初始化
ser.write(get_message(1, pwm1, 4))
ser.write(get_message(2, pwm2, 4))
ser.write(get_message(3, pwm3, 4))
time.sleep(2)
while cap.isOpened():
    (ret, frame) = cap.read()
    # 跳过前 60 帧
    if count <= 60:
        count += 1
        continue
    # 识别黄色物块位置坐标
    hsv = cv2.cvtColor(frame, cv2.COLOR_BGR2HSV)
    yellow_lower = (26, 43, 46)
    yellow_upper = (34, 255, 255)
    mask = cv2.inRange(hsv, yellow_lower, yellow_upper)
    (mask, cnts, hierarchy) = cv2.findContours(mask, cv2.RETR_EXTERNAL,
cv2.CHAIN_APPROX_SIMPLE)
    if len(cnts) > 0:
        c = max(cnts, key=cv2.contourArea)
        ((x, y), radius) = cv2.minEnclosingCircle(c)
        if radius > 50:
            print("center:", (x, y))
            # 根据坐标调整机械臂运动
            if x > 330:
                pwm1 += int((x - 320) / 10 + 5)
            elif x < 310:
                pwm1 -= int((320 - x) / 10 + 5)
            if y > 160:
                distance += 5
            elif y < 140:
                distance -= 5
            # 符合一定区间时跳出循环
            if (x >= 310 and x <= 330) and (y >= 140 and y <= 160):
                break
            (pwm2, pwm3) = get_angle(matrix, height, distance)
```

```
            ser.write(get_message(1, pwm1, 3))
            ser.write(get_message(2, pwm2, 3))
            ser.write(get_message(3, pwm3, 3))
ser.write(get_message(4, 2500, 9)) #打开气泵
time.sleep(3) #吸住3秒
for height in range(80, 1000, 10): #竖直提起到1000高度
    (pwm2, pwm3) = get_angle(matrix, height, distance)
    ser.write(get_message(2, pwm2, 9))
    ser.write(get_message(3, pwm3, 9))
    time.sleep(0.01)
ser.write(get_message(4, 500, 9)) #关闭气泵
#将2、3号舵机还原到初始位置
ser.write(get_message(2, 1500, 4))
ser.write(get_message(3, 1500, 4))
time.sleep(1)
#旋转轴1转至目标区域上方
ser.write(get_message(1, 2100, 4))
time.sleep(1)
ser.write(get_message(5, 2500, 9)) #打开电子阀门
time.sleep(2) #等待2秒
ser.write(get_message(5, 500, 9)) #关闭电子阀门
ser.close() #关闭串口连接
```

7.2 尝试编写程序，使用肤色检测找到实时图像中的人脸，并标注出来。如果识别不准确，请调整程序中的 H 值或改变摄像头前方的图像背景和光照强度。

参考程序：

```
import cv2
cap = cv2.VideoCapture(0) #开始读取摄像头信号
while cap.isOpened(): #当读取到信号时
    (ret, frame) = cap.read() #读取每一帧视频图像为frame
    hsv = cv2.cvtColor(frame, cv2.COLOR_BGR2HSV) #将颜色空间转换为HSV
    skin_lower = (0, 43, 46) #指定皮肤颜色的下限
    skin_upper = (17, 255, 255) #指定皮肤颜色的上限
    mask = cv2.inRange(hsv, skin_lower, skin_upper) #使用目标范围分割图像
并二值化
    (mask, cnts, hierarchy) = cv2.findContours(mask, cv2.RETR_EXTERNAL,
cv2.CHAIN_APPROX_SIMPLE) #寻找其中的所有外轮廓
    if len(cnts) > 0: #如果至少找到一个轮廓
        c = max(cnts, key=cv2.contourArea) #找出其中面积最大的轮廓
        ((x, y), radius) = cv2.minEnclosingCircle(c) #分析轮廓的中心位置和大小
        if radius > 100: #仅当轮廓大小达到一定尺寸时
            cv2.circle(frame, (int(x), int(y)), int(radius), (0, 0,
255), 2) #绘制最小接近圆
    cv2.imshow('mask', frame) #预览图像
    cv2.waitKey(5) #每帧等待5毫秒
cap.release()
cv2.destroyAllWindows()
```

7.3 尝试编写程序使用哈尔特征检测找到实时图像中的人脸并标注出来。如果识别不准确，请调整现场的光亮度或改变 detectMultiScale 函数的参数。

参考程序：

```
import cv2
face_cascade = cv2.CascadeClassifier('/home/pi/cascade/haarcascade_
frontalface_default.xml') # 载入人脸分类器
cap = cv2.VideoCapture(0) # 开始读取摄像头信号
while(cap.isOpened()):
    (ret, frame) = cap.read() # 读取每一帧视频图像为 frame
    gray = cv2.cvtColor(frame, cv2.COLOR_BGR2GRAY) # 将图像转换为灰度图
    faces = face_cascade.detectMultiScale(gray, minSize=(100, 100),
flags=cv2.CASCADE_SCALE_IMAGE) # 检测人脸的位置
    for (left, top, width, height) in faces: # 遍历找到的人脸的位置信息
        frame = cv2.rectangle(frame, (left, top), (left + width, top +
height), (0, 0, 255), 2) # 绘制矩形框
    cv2.imshow('cascade', frame) # 预览图像
    cv2.waitKey(5) # 每帧等待 5 毫秒
cap.release()
cv2.destroyAllWindows()
```

7.7 本节的示例程序中只采集了一张人脸作为已知数据，也只在实时图像中识别最大的一张人脸。试改写程序，收集更多照片组成更大的已知人脸数据库，并在实时图像中识别所有人脸并用不同颜色的框标识出来。

提示：程序中可能需要知道列表中的某个元素在列表中的序号，这可以使用"列表 .index(列表中的元素)"的形式得到。

参考程序：

```
import cv2
import face_recognition
# 载入包含已知面部的图片并对它们编码
my_image_1 = cv2.imread("/home/pi/photos/1.jpg")
my_image_1 = cv2.cvtColor(my_image_1, cv2.COLOR_BGR2RGB)
my_face_encoding_1 = face_recognition.face_encodings(my_image_1)[0]
my_image_2 = cv2.imread("/home/pi/photos/2.jpg")
my_image_2 = cv2.cvtColor(my_image_2, cv2.COLOR_BGR2RGB)
my_face_encoding_2 = face_recognition.face_encodings(my_image_1)[0]
my_face_encodings = [my_face_encoding_1, my_face_encoding_2]
# 载入人脸分类器
face_cascade = cv2.CascadeClassifier('/home/pi/cascade/haarcascade_
frontalface_default.xml')
cap = cv2.VideoCapture(0) # 开始读取摄像头信号
while cap.isOpened():
    (ret, frame) = cap.read() # 读取每一帧视频图像为 frame
```

```
        frame = cv2.flip(frame, 0) # 将图像上下镜像翻转
        gray = cv2.cvtColor(frame, cv2.COLOR_BGR2GRAY) # 将图像转换为灰度图
        faces = face_cascade.detectMultiScale(gray, minSize=(100, 100),
flags=cv2. CASCADE_SCALE_IMAGE) # 检测所有人脸的位置
        face_locations = [] # 定义一个列表存储人脸的位置信息
        for (left, top, width, height) in faces: # 遍历找到的人脸的位置信息
            # 计算出右下角的坐标
            right = left + width
            bottom = top + height
            # 为 face_locations 添加一个人脸的位置信息，注意需要将其强制转换为 int 类型
            face_locations.append((int(top), int(right), int(bottom),
int(left)))
        rgb_frame = cv2.cvtColor(frame, cv2.COLOR_BGR2RGB) # 得到每一帧的 RGB
图像信息
        face_encodings = face_recognition.face_encodings(rgb_frame, face_
locations) # 计算特定位置的人脸特征信息
        for i, face_encoding in enumerate(face_encodings): # 遍历得到的所有人脸
特征信息
            matches = face_recognition.compare_faces(my_face_encodings,
face_encoding, tolerance=0.5) # 将它与已知的人脸进行比较
            if True in matches: # 如果检测成功
                (top, right, bottom, left) = face_locations[i] # 获得该人脸的
位置信息
                # 匹配第一张人脸时绘制红色矩形框，匹配第二张人脸时绘制蓝色矩形框
                if matches.index(True) == 0:
                    cv2.rectangle(frame, (left, top), (right, bottom), (0,
0, 255), 2)
                elif matches.index(True) == 1:
                    cv2.rectangle(frame, (left, top), (right, bottom),
(255, 0, 0), 2)
        cv2.imshow("Recognition" , frame) # 预览图像
        cv2.waitKey(5) # 每帧等待 5 毫秒
cap.release()
cv2.destroyAllWindows()
```

7.8.1 试结合追踪与识别人脸的程序，完成对特定人脸的识别与追踪程序。请在追踪程序的段落中加入上述重置到识别阶段的判断程序。

参考程序：

```
import cv2
import serial
from roboticarm import get_message
import face_recognition
import time
# 载入包含你面部的图片并对它编码
my_image = cv2.imread("/home/pi/photos/1.jpg" )
my_image = cv2.cvtColor(my_image, cv2.COLOR_BGR2RGB)
my_face_encoding = face_recognition.face_encodings(my_image)
```

```python
ser = serial.Serial("/dev/ttyAMA0", 9600)  # 初始化串口
# 用两个变量记录两个舵机的 PWM 值
pwm1 = 1500
pwm2 = 1500
# 令云台转动到初始位置
ser.write(get_message(1, pwm1, 40))
ser.write(get_message(2, pwm2, 40))
stage = 0  # 程序流程变量, 0 表示识别, 1 表示追踪
get_face = False  # 表示当前是否找到人脸
start_time = time.time()  # 记录最近一次丢失人脸的时间信息
face_cascade = cv2.CascadeClassifier('/home/pi/cascade/haarcascade_
frontalface_default.xml')  # 载入人脸分类器
cap = cv2.VideoCapture(0)  # 开始读取摄像头信号
while cap.isOpened():
    (ret, frame) = cap.read()  # 读取每一帧视频图像为 frame
    frame = cv2.flip(frame, 0)  # 将图像上下镜像翻转
    gray = cv2.cvtColor(frame, cv2.COLOR_BGR2GRAY)  # 将图像转换为灰度图
    faces = face_cascade.detectMultiScale(gray, minSize=(100, 100),
flags=cv2.CASCADE_FIND_BIGGEST_OBJECT)  # 检测人脸的位置
    if stage == 0:  # 若处于识别阶段
        face_locations = []  # 定义一个列表存储人脸的位置信息
        for (left, top, width, height) in faces:  # 遍历找到的人脸的位置信息
            # 计算出右下角的坐标
            right = left + width
            bottom = top + height
            # 为 face_locations 添加一个人脸的位置信息, 注意需要将其强制转换为 int
类型
            face_locations.append((int(top), int(right), int(bottom),
int(left)))
        rgb_frame = cv2.cvtColor(frame, cv2.COLOR_BGR2RGB)  # 得到每一帧的
RGB 图像信息
        face_encodings = face_recognition.face_encodings(rgb_frame,
face_locations)  # 计算特定位置的人脸特征信息
        for face_encoding in face_encodings:  # 遍历得到的所有人脸特征信息
            matches = face_recognition.compare_faces(my_face_encoding,
face_encoding, tolerance=0.5)  # 将它与已知的人脸进行比较
            if True in matches:  # 如果检测成功
                stage = 1  # 进入追踪阶段
                get_face = True  # 改变 get_face 的取值
    elif stage == 1:  # 若处于追踪阶段
        if len(faces) > 0:  # 如果寻找到人脸
            get_face = True  # 改变 get_face 的取值
        else:  # 如果没有找到人脸
            if get_face:  # 若上一帧找到了人脸, 更新 start_time 取值
                start_time = time.time()
            if time.time() - start_time > 5:  # 若连续几秒未找到人脸, 令舵机复
位, 并回到识别阶段
                pwm1 = 1500
                pwm2 = 1500
```

```
                    stage = 0
                    get_face = False  # 改变 get_face 的取值
            for (left, top, width, height) in faces:  # 遍历找到的人脸的位置信息
                # 计算出人脸位置中心点的坐标
                x0 = left + width / 2
                y0 = top + height / 2
                # 比较坐标与中心点的差别，调整舵机的 PWM 值
                if x0 > 330:
                    pwm1 += (x0 - 320) / 6
                elif x0 < 310:
                    pwm1 -= (320 - x0) / 6
                if y0 > 250:
                    pwm2 += (y0 - 240) / 6
                elif y0 < 230:
                    pwm2 -= (240 - y0) / 6
        # 指令舵机转向
        ser.write(get_message(1, pwm1, 40))
        ser.write(get_message(2, pwm2, 40))
cap.release()
ser.close()
```

7.8.2 寻找一些机器人声音的音频文件，并改写追踪人脸的机器人程序，让它在识别到 特定人脸或丢失人脸目标等特殊时刻发出对应的声音。

参考程序:

```
import cv2
import serial
from roboticarm import get_message
import face_recognition
import time
import pygame.mixer as player
from threading import Thread
# 初始化 pygame 播放器
player.init(frequency=44100)
# 自定义播放音频的函数，参数为音频文件地址
def playaudio(address):
    Sound = player.Sound(address)
    Sound.play()
    while True:
        if not player.get_busy():
            break
# 设定线程 t1、t2，功能分别为播放找到人脸和丢失人脸时的音频
t1 = Thread(target = playaudio, args = ["/home/pi/audios/1.wav"])
t2 = Thread(target = playaudio, args = ["/home/pi/audios/2.wav"])
# 载入包含你面部的图片并对它编码
my_image = cv2.imread("/home/pi/photos/1.jpg")
my_image = cv2.cvtColor(my_image, cv2.COLOR_BGR2RGB)
my_face_encoding = face_recognition.face_encodings(my_image)
```

```
ser = serial.Serial("/dev/ttyAMA0", 9600) # 初始化串口
# 用两个变量记录两个舵机的 PWM 值
pwm1 = 1500
pwm2 = 1500
# 令云台转动到初始位置
ser.write(get_message(1, pwm1, 40))
ser.write(get_message(2, pwm2, 40))
stage = 0 # 程序流程变量，0 表示识别，1 表示追踪
get_face = False # 表示当前是否找到人脸
start_time = time.time() # 记录最近一次丢失人脸的时间信息
face_cascade = cv2.CascadeClassifier('/home/pi/cascade/haarcascade_
frontalface_default.xml') # 载入人脸分类器
cap = cv2.VideoCapture(0) # 开始读取摄像头信号
while cap.isOpened():
    (ret, frame) = cap.read() # 读取每一帧视频图像为 frame
    frame = cv2.flip(frame, 0) # 将图像上下镜像翻转
    gray = cv2.cvtColor(frame, cv2.COLOR_BGR2GRAY) # 将图像转换为灰度图
    faces = face_cascade.detectMultiScale(gray, minSize=(100, 100),
flags=cv2.CASCADE_FIND_BIGGEST_OBJECT) # 检测人脸的位置
    if stage == 0: # 若处于识别阶段
        face_locations = [] # 定义一个列表存储人脸的位置信息
        for (left, top, width, height) in faces: # 遍历找到的人脸的位置信息
            # 计算出右下角的坐标
            right = left + width
            bottom = top + height
            # 为 face_locations 添加一个人脸的位置信息，注意需要将其强制转换为 int
类型
            face_locations.append((int(top), int(right), int(bottom),
int(left)))
        rgb_frame = cv2.cvtColor(frame, cv2.COLOR_BGR2RGB) # 得到每一帧的
RGB 图像信息
        face_encodings = face_recognition.face_encodings(rgb_frame,
face_locations) # 计算特定位置的人脸特征信息
        for face_encoding in face_encodings: # 遍历得到的所有人脸特征信息
            matches = face_recognition.compare_faces(my_face_encoding,
face_encoding, tolerance=0.5) # 将它与已知的人脸进行比较
            if True in matches: # 如果检测成功
                stage = 1 # 进入追踪阶段
                get_face = True # 改变 get_face 的取值
    elif stage == 1: # 若处于追踪阶段
        if len(faces) > 0: # 如果寻找到人脸
            # 如果此前 get_face 为 False，说明找到了人脸，如果距离上次丢失人脸超过
5 秒，则播放音频
            if not get_face and time.time() - start_time > 5:
                # 只有当前未播放任何音频时才播放
                if (not t1.isAlive()) and (not t2.is_alive()):
                    t1.start()
            get_face = True # 改变 get_face 的取值
        else: # 如果没有找到人脸
```

```
            if get_face: # 若上一帧找到了人脸，更新 start_time 取值
                start_time = time.time()
            # 若连续几秒未找到人脸，令舵机复位，播放丢失人脸的音频并回到识别阶段
            if time.time() - start_time > 5:
                if (not t1.isAlive()) and (not t2.is_alive()):
                    t2.start()
                pwm1 = 1500
                pwm2 = 1500
                stage = 0
            get_face = False # 改变 get_face 的取值
        for (left, top, width, height) in faces: # 遍历找到的人脸的位置信息
            # 计算出人脸位置中心点的坐标
            x0 = left + width / 2
            y0 = top + height / 2
            # 比较坐标与中心点的差别，调整舵机的 PWM 值
            if x0 > 330:
                pwm1 += (x0 - 320) / 6
            elif x0 < 310:
                pwm1 -= (320 - x0) / 6
            if y0 > 250:
                pwm2 += (y0 - 240) / 6
            elif y0 < 230:
                pwm2 -= (240 - y0) / 6
    # 指令舵机转向
    ser.write(get_message(1, pwm1, 40))
    ser.write(get_message(2, pwm2, 40))
cap.release()
ser.close()
```